现代
果树病虫害
诊治丛书

草莓 蓝莓
树莓 黑莓

病虫害诊断与防治原色图鉴

第二版

吕佩珂　高振江　尚春明　等编著

U0389710

化学工业出版社

·北京·

本书围绕无公害果品生产和新产生的病害防治问题，针对制约我国果树产业升级、果品质量安全等问题，利用新技术、新方法，解决生产中的实际问题，涵盖了草莓、蓝莓、树莓、黑莓生产上所能遇到的大多数病虫害。本书图文结合介绍草莓、蓝莓、树莓、黑莓病害四十八种，虫害近五十种，还有十六种害虫天敌的保护利用，本书图片包括病原、症状及害虫各阶段彩图，防治方法上既有传统的防治方法，也挖掘了许多现代的防治技术和方法，增加了植物生长调节剂调节大小年及落花落果，保证大幅增产及如何生产精品果等现代技术，附录中还有农药配制及使用基础知识。是紧贴全国浆果生产，体现现代浆果生产技术的重要参考书。可作为诊断、防治浆果病虫害指南，可供家庭果园、果树专业合作社、农家书屋、广大果农、农口各有关单位参考。

图书在版编目（CIP）数据

草莓蓝莓树莓黑莓病虫害诊断与防治原色图鉴／吕佩珂等编著．—2版．—北京：化学工业出版社，2018.1
（现代果树病虫害诊治丛书）
ISBN 978-7-122-31062-0

Ⅰ．①草… Ⅱ．①吕… Ⅲ．①草莓－病虫害防治－图集②浆果类果树－病虫害防治－图集③树莓－病虫害防治－图集 Ⅳ．① S436.63-64 ② S436.68-64

中国版本图书馆 CIP 数据核字（2017）第 289091 号

责任编辑：李　丽　　　　　　　　装帧设计：关　飞
责任校对：宋　夏

出版发行：化学工业出版社
　　　　　（北京市东城区青年湖南街13号　邮政编码100011）
印　　装：北京东方宝隆印刷有限公司
850mm×1168mm　1/32　印张6¾　字数153千字
2018年2月北京第2版第1次印刷

购书咨询：010-64518888（传真：010-64519686）
售后服务：010-64518899
网　　址：http://www.cip.com.cn
凡购买本书，如有缺损质量问题，本社销售中心负责调换。

定　　价：43.00元　　　　　　　　　版权所有　违者必究

丛书编委名单

吕佩珂	高振江	尚春明
袁云刚	王振杰	潘子旺
赵　镒	汪海霞	尹继平
张冬梅	苏慧兰	姚慧静

前言

进入2017年，我们已进入了中国特色社会主义新时代，即将全面建成小康社会，正在不断把中国特色社会主义推向前进。中国是世界水果生产的大国，产量和面积均居世界首位。为了适应果树科学技术不断进步的新形势和对果树病虫防治及保障果树产品质量安全的新要求，生产上需要切实推动果树植保新发展，促进果品生产质量和效益不断提高。

本书第一版自2014年11月出版面市以来，得到了广大读者的喜爱和认可，经常接到读者来信来电，对图书内容等提出中肯的建议，同时根据近年来各类果树的种植销售情况及栽培模式变化和气候等变化带来的新发、多发病虫害变化情况，笔者团队经过认真的梳理总结，特出版本套丛书的第二版，以期满足广大读者和市场的需要，确保果树产品质量安全。

第二版丛书与第一版相比，主要做了如下变更。

1.根据国内市场和种植情况，对果树种类进行了重新合并归类，重点介绍量大面广、经济效益高、病虫害严重、读者需求量大的品种，分别是《柑橘橙柚病虫害诊断与防治原色图鉴》《板栗核桃病虫害诊断与防治原色图鉴》《草莓蓝莓树莓黑莓病虫害诊断与防治原色图鉴》《猕猴桃枸杞樱桃病虫害诊断与防治原色图鉴》《葡萄病虫害诊断与防治原色图鉴》。

2.近年来随着科技发展和学术交流与合作，拉丁学名在世界范围内进一步规范统一，病害的病原菌拉丁学名变化较大。以柑橘病害为例，拉丁学名有40%都变了，因此第二版学名必须跟着变为国际通用学名，相关内容重新撰写。同时对由同一病原引起的不同部位、不同症状的病害进行了合并介绍。对大部分病害增加了病害发生流行情况等简单介绍。对于长期发生的病害，替换了一些效果不好的照片，增加了一些幼虫照片和生理病害照片，替换掉一些防治药品，增补了一些新近应用效果好的新药和生物制剂。与时俱进更新了一些病害的症状、病因、传播途径和发病条件及新近推广应用的有效防治方法。

3.增补了一些由于栽种模式和气候条件变化等导致的新近多发、危害面大的生理性病害与其他病虫害，提供了新的有效的防治、防控方法。

4.附录中增加了农药配制及使用基础知识，提高成活率、调节大小年、精品果生产等农民关心的关键栽培养护方法。

本丛书这次修订引用了同行发表的文章、图片等宝贵资料，在此一并致谢！

吕佩珂等

2017年11月

我国是世界水果生产的大国，产量和面积均居世界首位。果树生产已成为中国果农增加收入、实现脱贫致富奔小康、推进新农村建设的重要支柱产业。通过发展果树生产，极大地改善了果农的生活条件和生活方式。随着国民经济快速发展，劳动力价格也不断提高，今后高效、省力的现代果树生产技术在21世纪果树生产中将发挥积极的作用。

随着果品产量和数量的增加，市场竞争相当激烈，一些具有地方特色的水果由原来的零星栽培转变为集约连片栽培，栽植密度加大，气候变化异常，果树病虫害的生态环境也在改变，造成种群动态发生了很大变化，出现了一些新的重要的病虫害，一些过去次要的病虫害上升为主要病虫害，一些曾被控制的病虫害又猖獗起来，过去一些零星发生的病虫害已成为生产上的主要病虫害，再加上生产技术人员对有些病虫害因识别诊断有误，或防治方法不当造成很多损失，生产上准确地识别这些病虫害，采用有效的无公害防治方法已成为全国果树生产上亟待解决的重大问题。近年来随着人们食品安全意识的提高，无公害食品已深入人心，如何防止农产品中的各种污染已成为社会关注的热点，随着发达国家如欧盟各国、日本等对国际农用化学投入品结构的调整、控制以及对农药残留最高限量指标的修订，我国果树病虫害防治工作也面临更高的要求，要想跟上形势发展的需要，我们必须认真对待，确保生产无公害果品和绿色果品。与过去相比，现在易发的病虫害及防治方法，病原菌分类等都发生了变化，比如，现在的病原菌已改称菌物，菌物是真核生物，过去统称真菌。菌物无性繁殖产生的无性孢子繁殖力特强，可在短时间内循环多次，对果树病害传播、蔓延与流行起重要作用。多数菌物可行有性生殖，有利其越冬或越夏。菌物有性生殖后产生有性孢子。菌物典型生活史包括无性繁殖和有性生殖两个阶段。菌物包括黏菌、卵菌和真菌。在新的分类系统中，它们分别被归入原生动物界、假菌界和真菌界中。

考虑到国际菌物分类系统的发展趋势，本书与科学出版社2013年版谢联辉主编的普通高等教育"十二五"规划教材《普通植物病理学》（第二版）保持一致，该教材基本按《真菌词典》第10版（2008）的方法进行分类，把菌物划分为原生动物界、假菌界和真菌界。在真菌界中取消了半知菌这一分类单元，归并到子囊菌门中介绍，以利全国交流和应用。并在此基础上出版果树病虫害防治丛书10册，内容包括，苹果病虫害，葡萄病虫害，猕猴桃、枸杞、无花果病虫害，樱桃病虫害，山楂、番木瓜病虫害，核桃、板栗病虫害，桃、李、杏、梅病虫害，大枣、柿树病虫害，柑橘、橙子、柚子病虫害，草莓、蓝莓、树莓、黑莓病虫害及害虫天敌保护利用，石榴病虫害及新编果树农药使用技术简表和果园农药中文通用名与商品名查对表，果树生产慎用和禁用农药等。

本丛书始终把生产无公害果品作为产业开发的突破口，有利于全国果产品质量水平不断提高。近年气候异常等温室效应不断给全国果树生产带来复杂多变的新问题，本丛书针对制约我国果树产业升级、果农关心的果树病虫无害化防控、国家主管部门关切和市场需求的果品质量安全等问题，进一步挖掘新技术、新方法，注重解决生产中存在的实际问题，本丛书对以上三方面进行了加强和创新，涵盖了果树生产上所能遇到的大多数病虫害，包括不断出现的新病虫害和生理病害。本丛书10个分册，介绍了南、北方30多种现代果树病虫害900多种，彩图3000幅，病原图300多幅，文字近120万，形式上图文并茂，科学性、实用性强，既有传统的防治方法，也挖掘了许多现代的防治技术和方法，增加了植物生长调节剂在果树上的应用，调节果树大小年及落花落果增产幅度大等现代技术。对于激素的应用社会上有认识误区：中国农业大学食品营养学专家范志红认为植物生长调节剂与人体的激素调节系统完全不是一个概念。研究表明：浓度为30mg/kg的氯吡脲浸泡幼果，30天后在西瓜上残留浓度低于0.005mg/kg，远远低于国家规定的残留标准0.01mg/kg，正常食用瓜果对人体无害。这套丛书是紧贴全国果树生产，体现现代果树生产技术的重要参考书。可作为中国进入21世纪诊断、防治果树病虫害指南，可供全国新建立的家庭果园、果树专业合作社、全国各地农家书屋、农口各有关单位人员及广大果农参考。

本丛书出版得到了包头市农业科学院的支持，本丛书还引用了同行的图片，在此一并致谢！

编著者

2014年8月

目录

1. 草莓蓝莓树莓黑莓病害 /1

（1）草莓病害 /1

草莓育苗期的死棵 /1

草莓蛇眼病 /3

草莓褐色轮斑病 /4

草莓V型褐斑病 /6

草莓生叶点霉叶斑病 /7

草莓褐角斑病 /9

草莓紫斑病 /10

草莓黑斑病 /11

草莓拟盘多毛孢叶斑病 /12

草莓灰斑病 /13

草莓灰霉病 /14

草莓丝核菌芽枯病 /18

草莓枯萎病 /19

草莓腐霉根腐病 /22

草莓疫霉果腐病 /23

草莓炭疽病
　（草莓炭疽根腐病）/25

草莓白粉病 /28

草莓根霉软腐病 /31

草莓红中柱疫霉根腐病 /32

草莓革腐病 /35

草莓黄萎病 /36

草莓角斑病 /38

草莓青枯病 /40

草莓病毒病 /41

草莓丛枝病 /44

草莓芽线虫病 /45

草莓黏菌病 /47

草莓缺素症 /48

草莓氮过剩症 /53

草莓硼过剩症 /53

草莓畸形果 /54

草莓肥害 /57

草莓沤根 /58

草莓田土壤恶化的发生
　及防止 /59

草莓再植病害 /64

草莓空心果多 /68

（2）蓝莓病害 /69

蓝莓灰霉病 /70

蓝莓僵果病 /73

蓝莓根癌病 /74

蓝莓枯焦病毒病 /75

（3）树莓病害 /76

树莓叶斑病 / 76
树莓灰霉病 / 78
树莓根癌病 / 78
树莓根腐病 / 79

树莓疫霉果腐病 / 80
树莓白粉病 / 82
树莓立枯病 / 83
树莓炭疽病 / 83

2. 草莓蓝莓树莓黑莓害虫 / 84

古毒蛾 / 84
角斑台毒蛾 / 85
小白纹毒蛾 / 87
丽毒蛾 / 88
肾毒蛾 / 90
棉双斜卷蛾 / 92
款冬螟 / 93
棉褐带卷蛾 / 94
斜纹夜蛾 / 96
草莓粉虱 / 98
点蜂缘蝽 / 98
大蓑蛾 / 100
黄翅三节叶蜂 / 101
大造桥虫 / 102
梨剑纹夜蛾 / 103
红棕灰夜蛾 / 104
丽木冬夜蛾 / 104
桃蚜 / 106
草莓根蚜 / 106
截形叶螨 / 107
朱砂叶螨 / 109

二斑叶螨 / 111
黑腹果蝇 / 113
短额负蝗 / 114
油葫芦 / 116
花弄蝶 / 117
褐背小萤叶甲 / 119
双斑萤叶甲 / 121
大青叶蝉 / 122
琉璃弧丽金龟 / 124
无斑弧丽金龟 / 126
黑绒金龟 / 127
中华弧丽金龟子 / 128
卷球鼠妇 / 128
蛞蝓 / 130
同型巴蜗牛 / 131
小家蚁 / 133
中桥夜蛾 / 134
浅褐彩丽金龟 / 136
人纹污灯蛾 / 137
斑青花金龟 / 137
蛴螬 / 138

小地老虎　/ 140　　　　东方蝼蛄　/ 147

沟金针虫　/ 143　　　　大家鼠　/ 149

种蝇　/ 145

3. 果树害虫天敌及其保护利用　/ 152

食虫瓢虫　/ 156　　　　昆虫核型多角体

草蛉　/ 158　　　　　　　病毒（NPV）/ 168

赤眼蜂　/ 159　　　　　食蚜瘿蚊　/ 169

捕食螨　/ 160　　　　　日本方头甲　/ 170

黑带食蚜蝇　/ 163　　　蜘蛛　/ 171

螳螂　/ 164　　　　　　食虫椿象　/ 173

粉虱座壳孢菌和红霉菌　/ 165　　上海青蜂　/ 174

白僵菌　/ 166　　　　　食虫鸟类　/ 175

苏云金杆菌　/ 167

附录1　草莓精品果的生产　/ 177

附录2　用了植物激素的草莓能吃吗？　/ 181

附录3　精品草莓生产如何合理使用植物生长调节剂
　　　（植物激素）/ 184

附录4　果树使用植物生长调节剂（植物激素）
　　　六要点　/ 188

附录5　农药配制及使用基础知识　/ 191

参考文献　/ 202

1. 草莓蓝莓树莓黑莓病害

（1）草莓病害

草莓 学名 *Fragaria ananassa* Duch.，别名凤梨莓，是蔷薇科草莓属中能结浆果的栽培多年生草本植物。

草莓育苗期的死棵

近两年发现草莓生产上苗期死棵十分严重，生产上草莓苗越来越难育，苗子的价格也越来越高，有的涨到了1元钱1棵，说明现在育苗死棵确实严重。

症状 草莓育苗死棵从开始出现症状到病株全部死亡，往往只有3～4天。河北、北京、山东种植草莓一般在清明前后开始，到9月初进行定植。草莓育苗现在都是采用匍匐茎分苗，一旦发病很容易造成大面积浸染，且传播速度快，生产上从定植母株前就开始预防十分必要。

草莓死棵

病原 说起草莓育苗期死棵的病原十分复杂，说法不一，有关资料上报导的有立枯丝核菌（*Rhizoctonia aolani*），有的说是一种疫病（*phytophthora* sp.），山东农业科学院植保所徐作珽研究员认为是一种腐霉菌（*Pythium* sp.）和苗期炭疽病与发病条件频繁出现共同作用的结果。此间日夜温差大，恰逢高温，菌种类多，数量大，草莓根系养护不到位，抗病抗逆能力不强，几种因素综合作用所致。

传播途径和发病条件 上述病原、发病条件、植株长势弱综合作用的结果是主因，病原侵入草莓根部引起根部病害发生。

防治方法 （1）从消除病原角度进行防治。分苗用地不要用重茬地，分苗前要整体进行土壤消毒，每667m² 可用石灰氮20kg对水5～10倍洒到土壤上，然后用地膜覆盖7～10天；要选用没病的健康母株进行分苗。现在生产上多数人都是直接用当年大棚内种植的草莓老苗作母株进行育苗，这样做的结果是老苗分出来的苗子要比小苗分出的苗子差很多，而且容易带菌。生产上要设法购买4～5代的脱毒苗作为母株来进行分苗。因为4～5代脱毒苗成本较低，分出的苗子质量也不错。（2）从切断病菌传播途径进行防治。分苗地一定要选择地势较高的地块，防止雨水浸入苗棚内，死棵多在下雨之后发生，因此每次下雨后必须要喷药预防。母株定植时，每667m² 用1kg77%硫酸铜钙（多宁）+600g甲基托布津或70%噁霉灵混合30kg细土，拌匀沟施到分苗行内。（3）从提高草莓抗逆性进行防治。母株定植后要注意养护根部以提高植株抗病力，可在匍匐茎进入快速生长期用多宁500倍液、甲基托布津300倍液混加阿波罗963养根素1000倍液喷淋草莓根部杀菌促根，需喷淋或灌根2～3次，隔10～15天1次。（4）发病重的地区，进入高温季节注意用遮阳网育苗。移栽前用70%甲基托布津600g+77%硫酸铜钙（多宁）1000g拌30kg细土做好土壤处理，移栽后用70%噁霉灵5g+70%甲基托布津15g对水15kg单棵灌根，每棵0.5kg药液。或用多宁＋甲基托布津+963养根素单棵灌根，同时还要注意用百可得预防地上病害。（5）草莓连作以3年为宜，不可时间过长，否则上述问题还是无法解决。

草莓蛇眼病

症状 又称草莓叶斑病。主要为害叶片，大多发生在老叶上。病斑外围紫褐色，中央褪为灰白色或灰褐色，直径1.5～2.5mm，具紫红色轮纹，病斑表面生白色粉状霉层，后生小黑点，即病菌子囊座。

草莓蛇眼病典型症状

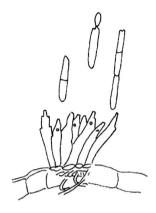

草莓蛇眼病菌分生孢子梗和分生孢子

病原 *Ramularia tulasnei*，称杜拉柱隔胞属真菌界无性型子囊菌。分生孢子梗丛生分枝或不分枝，基部子座不发达。分生孢圆筒形，无色单胞，或具隔膜 1 ～ 2 个。

传播途径和发病条件 以菌丝在被害枯叶病斑上越冬，翌春产生分生孢子进行初侵染，后病部产生分生孢子进行再侵染。病菌生育适温 18 ～ 22℃，低于 7℃或高于 23℃发育迟缓。

防治方法 （1）选用优良品种如戈雷拉、因都卡、明宝等。（2）收获后及时清理田园，被害叶集中烧毁。（3）定植时汰除病苗。（4）发病初期喷淋 50%琥胶肥酸铜可湿性粉剂 500 倍液、10%苯醚甲环唑微乳剂 2000 倍液、62.25%代·腈菌可湿性粉剂 600 倍液、75%二氰蒽醌可湿性粉剂 500 ～ 1000 倍液。隔 7 ～ 10 天 1 次，共喷 3 次。

草莓褐色轮斑病

症状 主要为害叶片。病斑近圆形或不整形，直径达 1cm 或更大，边缘褐色，中部灰褐色至灰白色，具明显同心轮纹。病斑上生有很密的小黑点，即病原菌的分生孢子器，严重的叶片变黄褐色或干枯。南方发生在 12 月～翌年 4 月，北方

草莓褐色轮斑病病叶

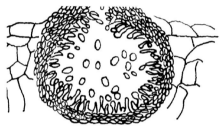

草莓褐色轮斑病菌分
生孢子器剖面

6～7月发生，常延续到9月底。草莓假轮斑病与轮斑病近似，病斑有时现黄色晕环，病部小粒点褐色或黑褐色。

[病原] *Phomopsis obscurans*，称昏暗拟茎点霉，属真菌界无性型子囊菌。异名 *Dendrophoma obscurans*。分生孢子器球形至扁球形，壁薄，膜质，直径104～311μm，孔口直径6.6～13.2μm。分生孢子梗可分枝，长8.3～26.4μm，瓶梗式产孢。分生孢子圆筒形，无色透明，有1～2个油点，大小（5～8.3）μm×（2～3）μm。病菌生长温度15～35℃，最适温度25～30℃，低于10℃几乎停止生长。

[传播途径和发病条件] 以菌丝体和分生孢子器在病叶组织内或随病残体遗落土中越冬，成为翌年初侵染源。越冬病菌于翌年4～5月份产生分生孢子，借雨水溅射传播进行初侵染，后病部不断产生分生孢子进行多次再侵染，使病害逐步蔓延扩

大。湖南一带，4月下旬均温17℃开始发病，5月中旬后逐渐扩展，5月下旬至6月进入盛发期，7月下旬后，遇高温干旱，病情受抑，但如遇温暖多湿，特别是时晴时雨反复出现，病情又扩展。品种间抗病性有差异。

[防治方法]（1）因地制宜选用抗病良种，如上海早、华东5号、华东10号、美国红提等。（2）植前摘除种苗上的病叶，并用50%多菌灵可湿性粉剂500倍液浸苗15～20min，待药液晾干后栽植。（3）田间在发病初期开始喷洒30%苯醚甲·丙环乳油3000倍液或62.25%代·腈菌可湿性粉剂600倍液或40%多·硫悬浮剂500倍液、50%多·福悬浮剂500倍液，隔10天左右1次，连续防治2～3次。

草莓V型褐斑病

[症状] 为害叶片和果实。老叶染病，初生紫褐色小斑，后扩展为不规则形大斑，四周暗绿色至黄绿色。嫩叶发病从叶顶开始，沿中央主脉向叶基呈V字形或U字形扩展，病斑褐色，四周浓褐色，病斑上常现轮纹，后期病部密生黑褐色小粒点，严重时全叶枯死，该病与轮斑病相似，需检视病原进行区别。

草莓V型褐斑病病叶

病原 *Gnomonia fructicola*（Arnaud）Fall，称草莓日规壳菌，属真菌界子囊菌门。子囊壳常在土壤中形成，子囊孢子长纺锤形，双胞无色。无性态为 *Zythia fragariae* Laib.，称草莓鲜壳孢，属真菌界无性型真菌。分生孢子器生于叶面，聚生或散生，初埋生，后突破表皮，分生孢子器球形或近球形，稍有突起，器壁淡黄色或黄褐色，膜质，顶端具乳头状突起，大小112～144μm；器孢子圆柱形，无色透明，单胞，正直，两端钝圆，内含油球2个，大小（5～7）μm×（1.5～2）μm。

传播途径和发病条件 病菌在病残体上越冬，秋冬时产生子囊孢子和分生孢子，借风传播，引起草莓发病，温室、塑料大棚发病较重，冬季人工加温后病情加重，早春蕾花盛期，温室内外温差大，光照较差，叶组织比较柔弱则易发病。露地栽培春季潮湿多雨地区易诱发该病流行，尤其是大水漫灌，可加大该病发生和流行。品种间抗病性差异明显：福弱、芳玉发病重；新明星、达娜、高岭等品种较抗病；晚道、红鹤、春香、宝交等品种属中间类型。

防治方法 （1）选用达娜、高岭等耐病品种。（2）收获后及时清除病老枯叶，集中烧毁或深埋。（3）加强棚室温度和湿度及光照管理，适时、适量通风换气，防止湿气滞留，减少棚膜和叶面结露，用1%白面水剂喷洒在棚顶上，隔30天1次，可防止普通膜和防老化膜内表面产生水滴。（4）发现零星病叶开始喷洒32.5%苯甲·嘧菌酯悬浮剂1500倍液或75%肟菌·戊唑醇水分散粒3000倍液或25%吡唑醚菌酯乳油1500倍液或50%嘧菌环胺水分散粒剂800倍液。

草莓生叶点霉叶斑病

症状 主要危害叶片，生在叶片上的病斑初为圆形或近

草莓生叶点霉叶斑病
初期病叶

圆形，边缘褐色，中部灰白色至紫褐色，直径2～8mm，病部生有很多小黑粒点，严重时叶片变黄后干枯。生在叶尖、叶缘上的病斑较大，直径20mm，中央褐色，边缘紫黑色，具轮纹，上生小黑点。

【病原】 *Phyllosticta fragaricola*，称草莓生叶点霉，属真菌界无性型子囊菌。

【传播途径和发病条件】 病菌以菌丝体或分生孢子器在病株或遗落土中的病残体上越冬，以分生孢子借风雨传播，进行初侵染和再侵染，温暖多湿天气或栽植过密、田间湿度大则发病重。

【防治方法】 （1）因地制宜地选用抗病良种，适于保护地的品种有金明星、静香、丰香、明宝、春香、上海早、宝交早生、华东10号等。（2）植前摘除种苗上的病叶，并用70%甲基硫菌灵可湿性粉剂500倍液浸苗15～20min，待药液晾干后栽植。（3）田间在发病初期喷洒20%唑菌酯悬浮剂800～1000倍液或25%吡唑醚菌酯乳油1500倍液或10%苯醚甲环唑水分散粒剂1500倍液，隔10天左右1次，连续防治2～3次。

草莓褐角斑病

症状 又称草莓斑点病。主要为害叶片。初生暗紫褐色多角形病斑，扩展后变成灰褐色，边缘色深，后期病斑上有时现轮纹，病斑大小约5mm。

病原 *Phyllosticta fragaricola*，称草莓生叶点霉，属真菌界无性型子囊菌。分生孢子器近球形，直径183～200μm。分生孢子椭圆形至卵形，平滑，大小（5～6）μm×（1.5～2）μm。

传播途径和发病条件 病菌以分生孢子器在草莓病残体或病株上越冬，翌春雨后产生大量分生孢子，通过雨水和灌溉水传播，落到草莓上以后，经几天潜育即发病，生产上5～6月发病重。美国6号草莓发病较重。

防治方法 （1）选用宝交早生、新明星、金明星等较抗病的品种。（2）栽植前将草莓苗置入70%甲基硫菌灵或多菌灵500倍液液中浸苗15min，取出后晾干栽植。（3）发病初期开始喷洒50%异菌脲可湿性粉剂800倍液或75%二氰蒽醌可湿性粉剂500～1000倍液、50%多·福悬浮剂600倍液，隔7天1次，连续防治2～3次。采收前3天停止用药。

草莓褐角斑病病叶

草莓紫斑病

症状 又称叶枯病、焦斑病，我国草莓种植区时有发生。主要为害叶片，初生紫黑色浸润状小点，用放大镜观察可见侵染点的叶脉先坏死，黑紫色，后受害叶脉的叶组织呈深紫色。病斑扩展后形成边缘不明显的不规则状深紫色斑块。病斑外缘呈放射状，常与邻近的病斑融合，有的病斑周围有黄晕。数日后病斑中部变革质，呈茶褐带灰色枯干。

病原 *Marssonina fragariae*，称草莓盘二孢，属真菌界无性型子囊菌盘二孢属。分生孢子弯曲，基部平截，顶端尖，（16.5～29）µm×（5.5～8）µm。有性态为*Diplocarpon earliana*，属真菌界子囊菌门。

传播途径和发病条件 病菌以分生孢子器或子囊壳在病株或落地病残株上越冬，翌春放射出分生孢子或子囊孢子借气流传播，侵染发病，还可通过病苗传播到异地。该病属低温型病害，早春或秋季雨露多易发病，缺肥、苗弱发病重。品种间抗病性有差异：福弱、幸玉发病重。

防治方法 （1）选用达娜、新明星等较抗病的品种。提倡起垄栽培，适当密植，适时摘除老叶。（2）在施足腐熟有机

草莓紫斑病病叶

肥的基础上花果期增施磷钾肥，科学灌水，严防大水漫灌，雨后及时排水，防止湿气滞留。（3）发病初期喷洒75%二氰蒽醌可湿性粉剂500～1000倍液或75%百菌清可湿性粉剂600倍液、65%甲硫·霉威可湿性粉剂800倍液，隔10天1次，连续防治2～3次。

草莓黑斑病

症状　主要为害叶片、叶柄、茎和浆果。叶片染病，产生黑褐色不规则形病斑，直径5～8mm，略呈轮纹状，病斑中央灰褐色，病斑外围常现黄色晕圈。叶柄、匍匐茎上生褐色小凹陷斑，当病斑绕叶柄或茎1周时，叶柄、茎折断，病部缢缩。浆果染病生黑色斑，上生黑色烟灰状霉层，病斑较浅，失去商品价值。

病原　*Alternaria alternata*，称链格孢，属真菌界无性型子囊菌链格孢属。

传播途径和发病条件　病菌以菌丝体在寄主植株上或落地病组织上越冬，借种苗传播。空气中的链格孢也可进行侵染。高温、高湿天气易发病，雨日多或田间湿气滞留发病重。

草莓黑斑病（邱强）

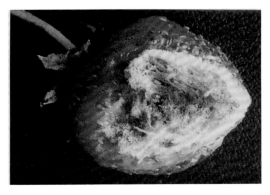

草莓黑斑病果实

防治方法 （1）选用抗黑斑病的草莓品种。（2）发现病叶及时摘除集中烧毁。（3）发病初期喷洒75%百菌清可湿性粉剂600倍液或50%福·异菌可湿性粉剂700倍液、50%异菌脲悬浮剂600倍液，隔10天1次，防治2～3次。

草莓拟盘多毛孢叶斑病

症状 叶片上产生红褐色病斑，后中央浅褐色，有轮纹，边缘有明显的暗褐色坏死带。后期病斑上生出黑色小点，即病原菌的分生孢子盘。广州5月发生。

病原 *Pestalotipsis adusta*，称烟色拟盘多毛孢，属真菌界无性型子囊菌拟盘多毛孢属。分生孢子盘生在叶面上，盘状，散生，初埋生后突破表皮，黑色，直径240～350μm。产孢细胞圆柱形，无色。分生孢子纺锤形，少数椭圆形，4个隔膜，（12～24）μm×（5～7）μm，中间3个细胞榄褐色，顶细胞圆锥形，无色，顶生2～3根附属丝，长10～12μm，基细胞无色，有2～5μm的短柄。除为害草莓外，还侵染茶属，引起轮纹病。

传播途径和发病条件 病菌以菌丝体和分生孢子盘在病叶上越冬，翌春条件适宜时产生新的分生孢子借风或雨水溅射

草莓拟盘多毛孢叶斑病

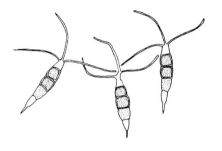

草莓拟盘多毛孢病菌

传播，在水滴中萌发侵入叶片，产生新的病斑。华南5月发生。

防治方法 （1）采用测土配方施肥技术，增施钾肥，避免偏施氮肥，增强抗病力。（2）发病初期喷洒40%百·硫悬浮剂500～600倍液、50%甲基硫菌灵悬浮剂600倍液。

草莓灰斑病

症状 主要为害叶片，叶上或叶缘生红紫色病斑，后扩展成不规则形褐色斑，中央渐成灰白色，叶两面生暗色霉状物，即病菌子实体，严重时叶片枯死。广东1月发生。

病原 *Pseudocercospora fragarina*，称草莓假尾孢，属真菌界无性型子囊菌。子座球形，小，黑色，直径21.5～

草莓灰斑病

85.8μm；分生孢子梗17～39根，丛生，很短，密集，0～3个隔膜，褐色，不分枝，孢痕明显但很小，直径仅0.8～1μm，0～1个膝状节，顶端浅褐色，圆锥截形，（6.6～36.3）μm×（3.3～5.4）μm。分生孢子浅黄色至褐色，倒棍棒形，直或略弯，基部圆锥截形，顶端稍钝，1～5个隔膜，大小（17.6～66）μm×（2.6～4）μm。

传播途径和发病条件 病菌在保护地内或通过分生孢子器随残体越冬，条件适宜时病菌借浇水或随气条传播，棚温高于20℃或高温潮湿易发病。

防治方法 （1）及时清除病残叶并妥善处理。（2）易发病品种控制氮肥施用量，防止徒长。发病初期喷洒20%多·异菌悬浮剂800倍液或50%多·锰锌可湿性粉剂700倍液、75%二氰蒽醌（二噻农）可湿性粉剂500～1000倍液，不要过量，防止产生药害。

草莓灰霉病

灰霉病是草莓生产上的重要病害，世界草莓种植区均有发生，我国20世纪70年代发病逐渐加重，特别是南方采果期正值雨季，发病为害更重。草莓灰霉病发生之后，常造成花及果实腐烂，感病品种病果率30%左右，严重的达60%以上。保护地草莓是在一个大棚条件下生长发育的，空气流动性小、棚内湿度大、二氧化碳含量低、光照不足，很易发生灰霉病，尤其是花器、果实染病，常会造成很快腐烂，减产10%～20%，重者减产40%～50%，对草莓产量、品质影响很大。

症状　主要侵染花器和果实。花器染病，初在花萼上现水浸状小点，后扩展为近圆形至不定形斑，并由花萼延及子房及幼果，终致幼果湿腐；湿度大时，病部产生灰褐色霉状物。果实染病主要发生在青果上，柱头呈水渍状，发展后形成淡褐色斑，向果内扩展，致果实湿腐软化，病部也产生灰褐色霉状物，果实易脱落。天气干燥时病果呈干腐状。此病对产量影响很大，除为害草莓外，还侵害甜（辣）椒、番茄、黄瓜、莴苣等。

草莓灰霉病病果

生于草莓果实上的灰葡萄孢分生
孢子梗和分生孢子（康振生原图）

【病原】 *Botrytis cinerea* Pers. ：Fr，称灰葡萄孢，属真菌界无性型子囊菌。病菌形态特征同葡萄灰霉病。有性型为富克葡萄孢核盘菌（*Botrytis fuckeliana*）。

【传播途径和发病条件】 以菌丝、菌核及分生孢子在病残体上越冬或越夏。南方病菌可在田间草莓上营半腐生或在病残体上腐生并繁殖。其孢子借风雨、农事操作等传播，进行初侵染和再侵染。气温18～23℃，遇连阴雨或潮湿天气持续时间长，或田间积水，病情扩展迅速，为害严重，尤其密度大，枝叶茂密的田块发病重，保护地较露地发病早。江苏、浙江一带3～4月发病，5月上旬达高峰，北方发病延迟。病菌直接侵染花瓣、叶片、果实，土表的病菌也可直接侵染果实。

【防治方法】 （1）选用中国草莓1号、美国草莓3号、童子1号及红衣等优良品种。（2）注意选择茬口，最好与水生蔬菜或禾本科作物实行2～3年轮作。（3）药剂处理土壤，定植前667m²撒施25％多菌灵可湿性粉剂5～6kg耙入土中，防病效果好。（4）定植前深耕，可减少菌源，提倡高畦栽培，注意排水降湿。发现植株过密，应及早分棵，注意摘除病果和老叶，防止传播蔓延。（5）防治灰霉病从促进草莓花芽分化入手，提高草莓抗逆性，该病发生轻重受环境影响很大，环境条件很大程度上是由气候决定，人力难以控制扭转，只能降低棚内湿度，除尘增光弥补。难以从根本上解决。近年人们选用培育抗病性强的品种，提高植株抗逆性，如苗期控水、控肥促根系深扎，合理留果。遇有阴天多的年份，草莓花芽分化不佳，坐果难时，应在草莓栽植之后促进其生长发育，防止草莓休眠，须喷施赤霉素8～10mg/L，每隔15～20天一次，连喷2～3次，增强抗病力。也可喷洒海藻酸1000倍液或核苷酸1500倍液、或葡萄糖200倍液或全面营养叶面肥300倍液，均可快速补充草莓植株营养，增加叶绿素含量。提高叶片抗逆性，促进花芽分化，减少病害发生。（6）提倡用生物菌剂，加强病害防治，现在市场上提倡用枯草芽孢杆菌或多黏类芽孢杆菌等细菌制剂，均可产生抗生素，预防细菌、真菌病害发生。现在生产上可用枯草芽孢杆菌BAB-菌株发酵液、哈茨木霉，防治灰霉病，持效期长。用1亿CFU太抗"木子美"哈次木霉菌水分散粒剂。（7）草莓开花后及时将残花清理掉，提倡用吹雪机或风扇等产生的较强风力，把残花全部吹开，使其掉落地面，不与果实、叶片接触，成为预防草莓灰霉病的首选方法。（8）草莓对棚内空气、土壤湿度要求很严，空气相对湿度高于70%，草莓开花后空气相对湿度高于90%花药开裂较难，花粉萌发力降低，不利于坐果和果实的发育，设施内还易诱发灰霉病，因此必须注意通风排湿，只要温度不低于适宜的温度下限，应全力通风排湿，要坚持清晨、夜晚大风口排湿，防止灰霉病发生。（9）草莓在露地、促成或半促成栽培条件下，药剂防治最佳时期是草莓第一级花序有20%～30%开花，第二级花序刚开花时。有效药剂有41%聚砹•嘧霉胺水剂800倍液或50%腐霉利可湿性粉剂1000倍液、50%异菌脲可湿性粉剂800倍液，7～10天喷一次，连喷3～4次，要注意轮换使用，防其产生抗药性。

草莓丝核菌芽枯病

症状 主要为害蕾、新芽、托叶和叶柄基部。蕾和新芽染病后逐渐萎蔫，呈青枯状或猝倒，后变黑褐色枯死。托叶和叶柄基部染病，叶倒垂，果数和叶减少，在叶片和花萼上产生褐斑，形成畸形叶或果，后期易遭灰霉菌寄生，该病表面产生白色至浅褐色蛛丝状霉，有别于灰霉病。

病原 *Rhizoctonia solani* 称丝核菌，属真菌界担子菌门无性型丝核菌属。有性型为 *Thanatephorus cucumeris* 称瓜亡革菌，属真菌界担子菌门瓜王革菌属。

传播途径和发病条件 病菌以菌丝体或菌核随病残体在土壤中越冬，栽植草莓苗遇有该菌侵染即可发病。气温低及遇有连阴雨天气易发病，寒流侵袭或湿度过高发病重。冬春棚室栽培时，开始放风时病情扩展迅速，温室或大棚密闭时间长，发病早且重。

草莓丝核菌芽枯病

防治方法 （1）提倡施用酵素菌沤制的堆肥或有机复合肥。（2）不要在病田育苗和采苗。（3）适度密植。（4）棚室栽培草莓放风要适时适量。（5）合理灌溉，浇水宜安排在上午，浇后迅速放风降湿，防止湿气滞留。（6）现蕾后开始喷淋1%申嗪霉素悬浮剂600倍液或30%苯醚甲·丙环乳油3000倍液，7天左右1次，共防2～3次。（7）丝核菌芽枯病与灰霉病混合发生时，可喷洒50%腐霉利可湿性粉剂1500倍液或65%甲硫·霉威可湿性粉剂1000倍液、50%多·霉威可湿性粉剂800倍液。此外，可试用植物生长调节剂芸薹素内酯3000倍液防治该病。

草莓枯萎病

症状 草莓枯萎病多在苗期或开花至收获期发病。初仅心叶变黄绿或黄色，有的卷缩或产生畸形叶，致病株叶片失去光泽，植株生长衰弱，在3片小叶中往往有1～2片畸形或小叶化，且多发生在一侧。老叶呈紫红色萎蔫，后叶片枯黄至全株枯死。剖开根冠、叶柄、果梗可见维管束变成褐色至黑褐色。根部变褐后纵剖镜检可见很长的菌丝。枯萎病与黄萎病近似，但枯萎心叶黄化、卷缩或畸形主要发生在高温期，有别于黄萎病。

病原 *Fusarium oxysporum* Schl.f.sp.*fragariae* Winks et Willams，称尖镰孢菌草莓专化型，属真菌界无性型子囊菌。在形态上都具有尖镰孢菌的共同特征，在马铃薯蔗糖琼脂培养基上气生菌丝呈淡青紫色或淡褐色绒霉；小型分生孢子肾形或卵形，无色，单胞或双胞，大小（5～26）μm×（2～4.5）μm；大型分生孢子纺锤形至镰刀形，直或弯曲，基部具足细胞或近似足细胞，以3个隔膜的居多，大小（19～45）μm×

（2.5～5）μm，5个隔膜的少，大小（30～60）μm×（3.5～5）μm；厚垣孢子球形，多数单胞，平滑或皱缩，顶生或间生，直径5～15μm。

传播途径和发病条件　主要以菌丝体和厚垣孢子随病残体遗落土中或未腐熟的带菌肥料及种子上越冬。厚垣孢子在土中能存活5～10年。病土和病肥中存活的病菌，成为翌年主要初侵染源。病菌在病株分苗时进行传播蔓延，病菌从根部自然裂口或伤口侵入，在根茎维管束内生长发育，通过堵塞维管束和分泌毒素，破坏植株正常输导机能而引起萎蔫。发病温限

草莓枯萎病病株

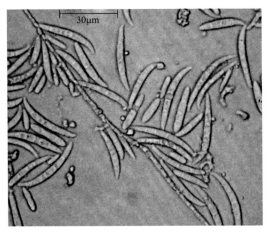

草莓枯萎病菌大型分生孢子和小型分生孢子

18～32℃，最适温度30～32℃，连作或土质黏重、地势低洼、排水不良、地温低、耕作粗放、土壤过酸和施肥不足或偏施氮肥或施用未腐熟肥料，致植株根系发育不良，都会使病害加重。品种间抗性有一定差异。土温15℃以下不发病，高于22℃病情加重。

防治方法 （1）从无病田分苗，栽植无病苗。（2）栽培草莓田，与禾本科作物进行3年以上轮作，最好能与水稻等水生作物轮作，效果更好。（3）草莓进入返青露芽至开花前开始追肥。随水灌施有机肥，如发酵好的人粪尿、沼液等速效氮肥，以加速植株生长。顶花序现蕾期追肥，此时若植株长势弱，可喷施尿素250倍液，若植株长势较旺，可喷施磷酸二氢钾300倍液，也可喷施硼酸300倍液，可提高坐果率及大果率。进入果实变白膨大期追肥，以氮、磷、钾混合为好，每半个月追施1次，每667m^{2}追施磷酸二铵10kg，混加硫酸钾7kg，也可追施草莓专用复合肥，以及果实膨大素或着色素，可提高果实品质和产量。（4）选用优良品种。适于保护地栽培的有静香、丰香、明宝、春香、宝交早生等。（5）每667m^{2}用20%辣根素水剂4L或用辣根素颗粒剂（有效成分主要是异硫氰酸烯丙酯）（每平方米用20～27g）与土壤混匀，可有效防治草莓枯萎病及其他土传病害。（6）进行高温闷棚：在草莓栽植前于炎热的夏季，一般7～8月连作温室内，每667m^{2}施粉碎的作物秸秆或其他堆肥1500～2000kg，撒施氰氨化钙50～60kg，深翻，使作物秸秆或堆肥与土壤均匀混合，然后起垄，垄宽60～70cm，地垄沟内灌水，灌水量以土壤处于饱和状态即可，用透明塑料覆盖垄面密闭闷棚15～20天，土壤温度达到40～50℃，可杀灭枯萎病菌，防治枯萎病。（7）发病初期浇灌70%噁霉灵可湿性粉剂2000倍液或20%噻菌铜悬浮剂500倍液。

草莓腐霉根腐病

腐霉能侵染草莓的幼苗引起烂种、猝倒、烂根、烂果等症状，局部田块常遭受巨大损失。

症状 主要为害根和果实，根染病初呈水渍状，很快变黑腐烂，造成地上部植株萎蔫或死亡。贴近地面或贴地果实易发病，病部呈水渍状，后变褐色至微紫色，造成果实软腐，果面上长满白色棉絮状浓密的菌丝。果实染病，初呈水渍状，熟果略褪成微紫色，病果软腐，果面长满白色浓密絮状菌丝。叶柄、果梗染病症状类似。根染病后变黑腐烂，轻则土上部萎蔫，重则全株枯死。

草莓腐霉根腐病

草莓腐霉根腐病病果

病原 *Pythium ultimum* Trow，称终极腐霉，属假菌界卵菌门腐霉属。菌丝多分枝，粗2.3～9.8μm。孢子囊多间生，近球形，直径13～30μm，常直接萌发长出芽管。藏卵器球形，大多顶生，少数间生，直径18～25μm。具侧生雄器1个，偶见2～3个，与藏卵器同丝生，无柄，少数有柄的异丝生或下位。卵孢子球形，直径13～19μm，壁平滑，不满器。菌丝生长适温为28～36℃。

传播途径和发病条件 终极腐霉多在土壤中，植株残体中及未腐熟的有机肥中存活和越冬，条件适宜时孢子囊释放出很多游动孢子借灌溉水或雨水传播，健康的草莓苗定植后可从根部侵入引起发病。高温高湿持续时间长易发病，生产上虽然降水不多，但高温条件下频繁浇水的田块易发病，重茬地土壤黏重发病重。

防治方法 （1）工厂化育苗、统一供苗，栽植无病苗。（2）采用起垄或高厢种植，浇水改在10～14时，采用沟灌法，傍晚前落干。（3）发病重的地区棚室进行高温高湿闷棚。（4）秋季定植时用30%噁霉灵水剂600倍液浸根，生长期喷淋68%精甲霜·锰锌水分散粒剂600倍液或47%春雷·王铜可湿性粉剂700倍液、3%噁霉·甲霜水剂600倍液、20%丙硫多菌灵悬浮剂2000倍液。

草莓疫霉果腐病

症状 该病主要为害根部、花穗、果穗，有时也为害叶片。初发病时，地上部症状不明显，生长中期表现生长差，株形松散，至开花期若天气、土壤干燥，则地上部呈失水状，逐渐萎蔫，根部早就发病，切开病根可见从外到内变黑腐烂，湿度大时病根上现白霉。花期染病，阴雨天花穗、果实很易染病，常呈开水烫状，1～2天内整穗变褐枯死。青果染病出现浅褐色水渍状病斑，迅速扩展到全果。熟果染病病部褪色失去光泽，病健交界处出现变色带，致全果呈水渍状腐烂，病部产生稀疏白色霉状物。

病原 *Phytophthora cactorum*，称恶疫霉；*P.citrophthora*，称柑橘褐腐疫霉；*P.citricola*，称柑橘生疫霉，均属假菌界卵菌门疫霉属。恶疫霉菌丝分枝较少，宽2～6μm，孢子囊卵形或近球形，大小（33.3～39.5）μm×（27.0～31.2）μm；易产生卵孢子，卵孢子球形，大小25.5～32.8μm；生长温限8～35℃，最适温度25～28℃。病菌生长温限6～35℃，适温25～28℃。

草莓疫霉果腐病病果

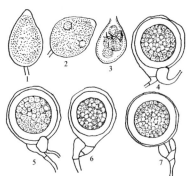

草莓疫霉果腐病病菌恶疫霉
1—孢子囊；
2,3—孢子囊及游动孢子；
4～6—藏卵器、侧生雄器及卵孢子；
7—藏卵器、围生雄器及卵孢子

传播途径和发病条件 以卵孢子在土壤中越冬，翌春条件适宜时产生孢子囊，遇水释放游动孢子，借雨水或灌溉水传播，侵染为害。地势低洼、土壤黏重、偏施氮肥发病重。

防治方法 （1）加强栽培管理。低洼积水地注意排水，合理施肥，不偏施氮肥。（2）草莓园内，可用谷壳铺设于畦沟内，下雨时雨滴不会直接落到土壤上，反弹回来的水珠就不会带有病原菌，减少果腐病发生。（3）药剂防治。定植前用30%噁霉灵1500倍液进行土壤处理，秋季定植时用53%精甲霜·锰锌水分散粒剂800倍液浸根。从花期开始喷70%锰锌·乙铝可湿性粉剂500倍液、53%精甲霜·锰锌水分散粒剂500倍液、64%恶霜·锰锌超微可湿性粉剂500倍液、69%安克·锰锌可湿性粉剂600倍液、70%丙森锌可湿性粉剂500～700倍液、52.5%恶唑菌铜·霜脲氰水分散粒剂1800倍液，隔10天左右1次，连续防治3～4次。

草莓炭疽病（草莓炭疽根腐病）

草莓炭疽病在世界范围内分布广泛，1931年Brooks首次报道，1995年法国Denoyes和Baudry报道在条件适宜情况下，草莓炭疽病造成草莓减产最高达80%。在我国该病时有发生，随种植面积扩大和设施密闭及高温高湿环境等造成草莓炭疽病发生日益严重，造成草莓减产30%，严重影响草莓的产量和品质。2012年湖北草莓炭疽病平均发病率为41.7%，严重田块平均发病率为69%。

症状 草莓炭疽病可为害草莓的根茎、叶片、叶柄、匍匐茎、花和果实。露地育苗的草莓，夏季如遇高温多雨，炭疽病主要危害地上部叶片、叶柄、匍匐茎和根茎，严重时造成成片死苗。草莓炭疽病根腐病最初症状是新生的2～3个叶片先表现萎蔫，傍晚可以恢复。当病情扩展迅速时，叶片仍为绿色，植株表现萎蔫，死后呈青枯状。如果病情发生不很迅速，叶片边缘先失水，变褐，植株逐渐萎蔫，最后死亡。当把萎蔫症状的病株根茎剖开，可见切面呈红褐色较硬的腐烂或产生红褐色条纹。当把根部纵切，可见腐烂的根尖中部变红，最终变色延伸到根茎。该症状与草莓红中柱疫霉根腐病易混淆，应注意鉴别。叶片染病产生3～7mm深褐色纺锤形或椭圆凹陷溃疡斑；果实染病产生近圆形病斑，褐色至暗褐色，凹陷，呈软腐状，后期长出肉红色黏质孢子团。

病原　主要有三种，*Colletotrichum gloeosporioides*，称胶孢炭疽菌；*C.autatum*，尖孢炭疽菌和*C.fragariae*，草莓炭疽菌，属真菌界无性型子囊菌，炭疽菌属。3种炭疽菌侵染位点不同，侵染力也有差别。胶孢炭疽菌、草莓炭疽菌主要侵染叶片、匍匐茎和叶柄；而尖孢炭疽菌主要侵染果实，引起果腐炭疽病，尤其是塑料薄膜覆盖的草莓发病率高。

传播途径和发病条件　病菌在病残体组织上或随病残体在土壤中越冬，病斑上的黏质分生孢子盘和分生孢子，借雨水或灌溉水溅射传播，由分生孢子侵染。江西省上半年发病较下半年重，大棚比露地重，育苗中后期比大田发病重，每年4月上、中旬至6月发病，5～6月是发病高峰期。7月发病渐少。

草莓炭疽病病果

草莓炭疽病根茎部剖面

草莓炭疽根腐病引起的
植株萎蔫（左侧植株）

草莓炭疽病叶片发病
症状

发病适温28～32℃，高温多雨易发病；连续降雨1周转晴，通风透光不好湿度过大易流行成灾。

防治方法 （1）选用抗病品种。高抗炭疽病的新品种有森格纳、甜查理、莫哈维3个品种。本尼西亚、坎东噶为抗病。（2）不宜连作，提倡水旱轮作，采用三沟配套栽培。合理密植，采用草莓配方施肥技术，提倡施用美国KOMU复合肥，667m²每次施15kg，不偏施氮肥。白天加大放风量。及时清除病残体。（3）提倡采用避雨栽培育苗，加强育苗期炭疽病的防控，培育无炭疽病的种苗十分重要。（4）注意防止和减轻设施栽培条件下草莓炭疽病的发生，生产上定植前苗床先喷1次70%甲基托布津可湿性粉剂500倍液+25g/L咯菌腈悬浮剂1000倍液、80%福·福锌可湿性粉剂600倍液预防。大棚发病初期喷洒25%溴菌腈浮油500倍液或25%咪鲜胺乳油1000倍液或50%醚菌酯水分散粒剂1000倍液。（5）生产上章姬（甜宝）这个休眠期超短的品种已成为许多草莓种植区主栽品种。缺点是苗期炭疽病发生很重，造成生产上育苗相当困难。对这类品种可采用小畦大垄育苗法，减少草莓炭疽病的传播，进入6月发病初期喷洒50%咪鲜胺可湿性粉剂1500倍液或10%苯醚甲环唑水分散粒剂1500倍液。

草莓白粉病

草莓白粉病全世界都有分布，主要分布在北美、欧洲，东亚等草莓产区。白粉病是冷凉地区草莓的主要病害，也是保护地草莓栽培中的重要病害。我国于1959年最先在沈阳农学院温室草莓上发现白粉病，20世纪90年代以来，特别是丰香等感病品种大面积推广以来，白粉病发生渐趋严重，尤其是保护地草莓白粉病，在一些地区已成为草莓生产上最重要的一种病害，发病重的年份病株率8%～30%，高的达40%～80%，病果率3%～11%，高的10%～30%，产量损失10%～25%，高的达30%～50%，严重影响草莓产量、品质和经济效益。

症状 主要为害绿色组织及果实。叶片染病，于叶背面出现白色粉状物，后致叶片坏疽或幼叶上卷；果实染病上覆白色粉状物，与红色果实呈鲜明对比，白色粉状物即病菌的分生孢子梗和分生孢子。

病原 *Podosphaera aphanis* 称滇赤才叉丝单囊壳，属真菌界子囊菌门叉丝单囊壳属。异名为 *Sphaerotheca aphanis*，称羽衣草单囊壳，属真菌界子囊菌门。菌丝体生于叶两面、叶柄、嫩枝及果实上。分生孢子圆筒形，腰鼓形，成串，无色，

草莓白粉病病果

草莓白粉病

大小为（18～30）μm×（2～18）μm；子囊果生于叶上者散生或稍聚生，生在叶柄和茎上者稀聚生，球形或近球形，褐色或暗褐色：直径60～93μm，壁细胞呈不规则多角形，直径4.5～24μm；附属丝3～13根，丝状，弯曲，屈膝状，长度为子囊果直径0.5～5倍，基部稍粗，表面光滑，有0～5个隔膜，全长褐色或下部一半褐色；子囊1个，宽椭圆形，无色，大小（60～90）μm×（45～75）μm，子囊孢子8个，少数6个，椭圆形，有油点1～3个，多数2个。无性型为粉孢属（*Oidium* Sp.）真菌。

传播途径和发病条件 白粉病病原是专性寄生菌，寒冷地区病菌以闭囊壳、菌丝体或草莓老叶上越冬；在温暖地区或保护地内多以菌丝或分生孢子在寄主上越冬或越夏，成为翌年初侵染源、主要通过带菌草莓苗进行中远距离传播，环境适宜时产生分生孢子或子囊孢子，借气流或雨水扩散、传播、蔓延，分生孢子先端产生芽管和吸器从叶片表皮侵入，菌丝附生在叶面上，从萌发到侵入需时20h，每天可长出3～5根菌丝，4天后侵染处产生白色菌丝状病斑，7天后成熟，形成分生孢子，借气流飞散传播进行再侵染，加重为害。生产上连作，未及时摘除老叶、病叶，偏施氮肥，栽植密度过大，管理粗放，通风透光条件差，植株长势弱均易导致白粉病加重发生。该病发育最适温度20℃，相对湿度50%以上均可发病。保护地取决于大棚内湿度和草莓长势，当相对湿度高于80%，草莓长势弱，白粉病极易流行成灾。尤其3～4月潜育期5～10天，保护地发病早，侵害时间长，受害重。

防治方法 （1）选用抗白粉病的品种，欧美系品种对白粉病抗性较强：杜克拉、图得拉、卡尔物1号、甜查理、宝交早生、全明星、弋雷拉、达赛莱克特、哈尼等抗病性较好。（2）加强栽培管理，进行轮作倒茬，选用无病种苗或脱毒种苗，草莓生长期及时摘除老叶、病叶及病果，及时拔除病株，防止雨水和气流进行再侵染。加强肥水管理，避免施用氮肥过多，防止过密，搞好通风透光，雨后及时排水，降低田间湿度，晴天通风换气，阴天也应换气降湿，有条件的可采用高温闷棚。(3)化学防治：进行熏蒸或高温土壤消毒。适时喷洒42.5%吡唑醚菌酯·氟唑菌酰胺悬浮剂2000倍液防治草莓白粉病防效为90.81%。42.5%吡唑醚菌酯·氟唑菌酰胺悬浮剂2400倍液和30%氟菌唑可湿性粉剂2000倍液，防效分别为86.07%和85.58%；50%醚菌酯水分散剂粒2000倍液防效为76.21%。吡唑醚菌酯·氟唑菌酰胺悬浮剂由两种作用方式不同的杀菌剂复配而成，具明显的增效作用。生产上可在温室内初现白粉病时第一次均匀喷雾施药，要求页面雾滴均匀一致为宜，隔7天1次，共喷3次为宜。(4)提倡用生物防治：使用100亿个活芽孢每克的枯草芽孢杆菌可湿性粉剂2250g/hm^{2}处理，防盗达到77.12%，与对照药剂25%三唑酮可湿性粉剂675g/hm^{2}处理的防治效果相当。

草莓根霉软腐病

症状　病果表面产生边缘不清晰的水浸状斑，迅速发展，不久表面长出白色菌丝，最后在菌丝顶端出现烟黑色粉霉状物，就是病菌的孢子囊。主要在采收后碰伤及贮运期间发生，阴雨天湿度越大发病越快。病果常流汁。高温下过熟的贴地果也可发病。

病原　*Rhizopus stolonifer*，称匍枝根霉，属真菌界接合菌门根霉属。菌丝发达，有匍匐丝与假根，假根上产生灰黄褐色孢囊梗，孢囊梗直立。孢子囊单生，暗绿色，球形。孢囊孢子灰色或褐色，单胞，直径11～15μm。接合孢子黑色、球形，

草莓根霉软腐病病果

表面有突起。病菌腐生性极强，在条件适宜时引起甘薯软腐病，造成烂窖，还可侵害马铃薯、棉铃、梨及苹果等许多植物的果实和贮藏器官。

传播途径和发病条件　病菌广泛存在于土壤等环境之中，空气中多有本种孢子悬浮。当草莓采收时造成伤口后集中在一起堆放时，特别是闷湿天气，极易感染发病，病果软腐流汁，表面长出菌丝、孢囊梗和孢子囊，导致烂库。严重时田间即已发病。

防治方法　（1）适时早收，浆果着色八成时采摘；（2）轻收轻放，不使破伤；（3）暂存或待运的草莓，应装在吸潮通风的纸质或草编物内，放在阴凉通风处，1～10℃下储藏，并尽量缩短储存与转运时间；（4）有条件的进行速冻处理。

草莓红中柱疫霉根腐病

该病一旦发生将造成重大经济损失，一般在冷凉潮湿大棚，经过一个漫长的冬季发病损失将十分惨重。

症状　草莓红中柱疫霉根腐病从中心病株开始，不断向四周扩展，尤其是低洼处病菌随水流快速扩散，造成大面积发病，从晚秋起根部症状明显，而地上部症状春末或初夏之前不

草莓红中柱疫霉根腐
病叶片症状

草莓红中柱疫霉根腐病

草莓红中柱疫霉根腐病
根部变红

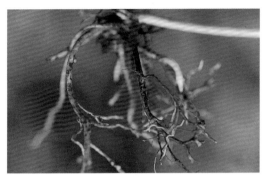

草莓红中柱疫霉根腐病

明显。植株上部出现矮化或停止发育，结果产生少量小果实，嫩叶现蓝绿色，老叶变成黄色或红色，挖出病株可见腐烂的根系。侧根高度腐败，挖出病株时见不到侧根。不定根从尖端向上腐烂，末端常呈灰色或褐色似鼠尾状。剖开上端未腐烂处，可见中柱已由白色变成紫红色至砖红色，因此又称"红心病"。

病原 *Phytophthora fragariae* var.*fragariae*，称草莓红心病菌，又称草莓疫霉菌，属假菌界卵菌门疫霉属。藏卵器金黄色，直径39μm，含有1个未满的卵孢子，直径33μm，多数球形。无乳突的次生孢子倒洋梨形，大小（32～90）μm×（22～52）μm。孢子囊释放出游动孢子游至草莓根尖休止，相互靠紧形成芽管侵入根。病菌在皮层细胞间或细胞内扩展直至中柱。主要定植在中柱鞘和韧皮部，根的生长中柱最旺盛，病菌也在其中生长，从根部长出的菌丝能形成新的孢子囊，释放出更多的游动孢子进行再侵染。病菌在冬季进行多次再侵染，引起该病严重发生或大流行。此外，据河北农业大学分离病原还有 *Rhizoctonia* sp.（称丝核菌）和 *Pestalotiopsis* sp.（拟盘多毛孢属真菌）。

传播途径和发病条件 草莓疫霉菌以卵孢子在土壤中存活，由土壤和种子传染，土壤中的卵孢子在晚秋或初冬产生孢子囊，释放出游动孢子，侵入根部后出现病斑，后又在病部产生孢子囊，借灌溉水或雨水传播蔓延。丝核菌和拟盘多毛孢属真菌以菌丝体或分生孢子盘在病残体上越冬。土壤温度低、湿度高易发病，地温10℃是发病适温，本病为低温域病害，地温高于25℃则不发病，一般春、秋多雨年份易发病，低洼地、排水不良或大水漫灌发病重。

防治方法 近年我国草莓生产上育苗期该病就很多，雨后发生。（1）选用无病地育苗，有条件的实行4年以上轮作。分苗用地最好不用重茬地。分苗地要进行土壤消毒，每667m²用石灰氮20kg对水5～10倍，喷洒到土壤上，后用地膜覆盖7～10天；选用健康母株进行分苗，提倡用脱毒苗作为母株来进行分苗。（2）切断病菌传播。分苗地选较高地块，防止雨水蓄积在苗圃内，死棵多在雨后发生，每次下雨后必须选用百菌清、阿米西达、甲基硫菌灵喷洒防病，母株定植时用甲基托布津或恶霉灵混合30kg细土，拌匀后沟施到分苗行内。（3）母株定植后要注意养护根系，提高植株抗病性。可在草莓匍匐茎进入快速生长期之前喷淋50%甲基托布津300倍液混阿波罗963养根素1000倍液，或灌根2～3次，隔10～15天1次。（4）连续养根。草莓定植后28～30天进入授粉期，如果这个时期长势太弱，不能留果，第一穗花出现之后就掐掉。通过控温、养根等方法，尽快调整植株长势，施用963养根素配施磷钾肥，此期要注意控制氮肥用量。（5）喷洒植物激素，草莓定植以后要特别注意防止草莓休眠，须喷洒8～10mg/L赤霉素。每隔15～20天1次，连续喷洒2～3次，效果好。

草莓革腐病

症状 主要为害果实。开花期至成熟期均可发病，幼果染病时病部变成黑褐色，后干枯硬化似皮革状。成熟果实染

草莓革腐病

病，病部白腐软化，似开水烫伤。

病原 *Phytophthora cactorum*，称恶疫霉，属假菌界界卵菌门疫霉属。

传播途径和发病条件 病菌以卵孢子在土壤中越冬，在田间主要通过雨水或灌溉水传播。田间地势低洼或土壤黏重或施入氮肥过多发病重。

防治方法 （1）农业防治。选择高燥地块或起垄栽植。（2）采用侧土施肥技术，不偏施氮肥。（3）注意温、湿度管理。可在垄沟内铺设秸秆减轻湿度为害，浇水采用膜下灌溉，防止湿度过高。（4）进入开花期开始喷洒60%琥铜·乙膦铝可湿性粉剂500倍液或70%乙铝·锰锌可湿性粉剂500倍液、687.5g/L氟菌·霜霉威悬浮剂700倍液，隔7天左右1次，连防3～4次。

草莓黄萎病

症状 多发生在草莓开花坐果期，进入坐果盛期受害重，初发病时外部叶片萎蔫下垂，叶尖或叶缘逐渐褪绿变黄，后逐渐干缩变褐，最后坏死。该病害随病情扩展，叶片从外向内逐渐褐色显症呈灰绿色萎蔫，最终死亡，剖开病茎可见维管束已褐变，并沿叶柄向上扩展至全株。

病原 *Verticillium dohliae*，称大丽轮枝菌，属真菌界无性型子囊菌轮枝孢属。病菌形态特征：菌丝无色至浅褐色，有隔膜，分生孢子梗直立。孢子梗上有1～5个轮枝层是该菌重要识别特征。

传播途径和发病条件 病原菌以休眠菌丝或拟菌核随病残体在土壤中越冬，可在土壤中存活多年。该菌还可以菌丝潜伏在种子内或以分生孢子附着在种子外随种子越季或越冬。病田还可通过带菌堆肥、带菌土壤传播，从根部伤口侵入，后在

草莓黄萎病

草莓黄萎病

维管束中发育繁殖，逐渐扩展到叶、果及种子上。田间还可通过雨水、灌溉水传播。草莓开花坐果期长期持续低温或地温低于15℃此病易发生。地势低、重茬则发病重。

防治方法 （1）选用抗病品种，与葱蒜类、粮食作物轮作。（2）新引进的品种用50%多菌灵或甲基硫菌灵500倍液浸种1h灭菌。（3）采用无病土育苗，苗床用50%多菌灵可湿性粉剂或50%萎福双可湿性粉剂，1.6kg/667m²，拌适量细土撒施在苗床灭菌。（4）定植时喷洒或浇灌1%申嗪霉素悬浮剂500～800倍液或96%噁霉灵可湿性粉剂2000倍液。

草莓角斑病

症状 主要为害叶片。初在叶片下表面出现水浸状红褐色不规则形病斑，逐渐扩大后融合成一片，渐变淡红褐色而干枯；湿度大时叶背可见溢有菌脓，干燥条件下成一薄膜，病斑常在叶尖或叶缘处，因此叶片常干缩破碎。严重的生长点变黑枯死，叶柄、匍匐茎、花也可枯死。

病原 *Xanthomonas fragariae*，称草莓黄单胞菌，属细菌域普罗特斯细菌门黄单胞杆菌属。菌体杆状，大小（1.0～1.2）μm×（0.7～0.9）μm，极生1鞭毛，无荚膜，无芽孢，革兰染色阴性。在肉汁胨琼脂平面上菌落圆形黄色，大小1mm，有黏性，具光泽，表面光滑，边缘整齐，稍突起。耐盐浓度1%～2%，36℃稍有生长，好气性。除侵染草莓外，未见侵染其他植物。

传播途径和发病条件 病菌在种子或土壤里及病残体上越冬，播种带菌种子，病株在地下即染病，致幼苗不能出土，有的虽能出土，但出苗后不久即死亡。在田间通过灌溉水、雨水及虫伤或农事操作造成的伤口传播蔓延，病菌从叶缘处水孔

草莓角斑病

草莓角斑病叶片正面
症状

草莓角斑病病菌

或叶面伤口侵入，先侵害少数薄壁细胞，后进入维管束向上下
扩展。发病适温25～30℃，高温多雨、连作或早播、地势低
洼、灌水过量、排水不良、肥料少或未腐熟及人为伤口和虫伤
多发病重。

防治方法 （1）适时定植。（2）施用酵素菌大三元复方

生物肥或充分腐熟的有机肥。采用配方施肥技术。（3）处理土壤。定植前每667m²穴施50%福美双可湿性粉剂或40%拌种灵粉剂750g。方法是取上述杀菌剂750g，对水10L，拌入100kg细土后撒入穴中。（4）加强管理，苗期小水勤浇，降低土温。（5）发病初期开始喷洒20%噻森铜悬浮剂500倍液或50%春雷氧氯铜可湿性粉剂500倍液、10%苯醚甲环唑水分散粒剂1500倍液、3%中生菌素可湿性粉剂700倍液、70%农用高效链霉素可溶性粉剂3000倍液、47%春雷·王铜可湿性粉剂800倍液，隔7～10天1次，连续防治3～4次。采收前3天停止用药。

草莓青枯病

症状　主要发生在定植初期。初发病时下位叶1～2片凋萎，叶柄下垂似烫伤状，烈日下更为严重。夜间可恢复，发病数天后整株枯死。根系表面无明显症状，但将根冠纵切，可见根冠中央有明显褐化现象。生育期间发病甚少，一直到草莓采收末期，青枯现象才再度出现。

病原　*Ralstonia solanacearum*，属细菌域普罗特斯细菌门劳尔氏菌属。菌体短杆状，单细胞，两端圆，单生或双生，大小（0.9～2.0）μm×（0.5～0.8）μm，极生鞭毛1～3根；在琼脂培养基上菌落圆形或不正形，平滑具亮光。革兰染色阴性。

传播途径和发病条件　病原细菌主要随病残体残留于草莓园或在草莓株上越冬，通过雨水和灌溉水传播，带病草莓苗也常带菌，从伤口侵入。该菌具潜伏侵染特性，有时长达10个月以上。病菌发育温限10～40℃，最适温度30～37℃，最适pH6.6。久雨或大雨后转晴发病重。

防治方法　（1）严禁用罹病田做育苗圃；栽植健康苗，连续种植2年，病菌感染率下降。（2）加强栽培管理。施用腐

草莓青枯病植株萎蔫

草莓青枯病根冠褐化

熟的有机肥或草木灰，调节土壤pH。（3）用生石灰进行土壤消毒。（4）药剂防治。定植时用青枯病拮抗菌MA-7、NOE-104浸根；或于发病初期开始喷洒或灌72%农用高效链霉素可溶性粉剂3000倍液或50%琥胶肥酸铜可湿性粉剂500倍液、20%噻森铜悬浮剂400倍液、10%苯醚甲环唑水分散粒剂1500倍液、77%氢氧化铜干悬浮剂600倍液，隔7～10天1次，连续防治2～3次。

草莓病毒病

症状 草莓全株均可发生病毒病，多表现为花叶、黄边、皱叶和斑驳。病株矮化，生长不良，结果减少，品质变劣，甚至不结果；复合感染时，由于毒源不同表现症状各异。草莓斑驳病毒（SMOV）在指示植物野生草莓上（*Fragaria yesca*），植株明显矮化，叶片缩小、畸形，叶面皱缩，叶色褪绿，或现出直径2mm左右黄色不规则小斑。轻型黄边病毒（SMYEV）则表现为幼叶黄色斑驳，边缘褪绿，后逐渐变为红色，终致枯死。

[病原] 由多种病毒单独或复合侵染引起。毒源有草莓斑驳病毒（SMOV）等十多种。在保定、沈阳、大连、兴城、烟台和上海等地，已检出草莓斑驳病毒（SMOV）、草莓轻型黄边病毒（SMYEV）、草莓皱缩病毒（SCrV）、草莓镶脉病毒

草莓斑驳病毒病

草莓病毒病

草莓镶脉病毒（SVBV）
（王国平原图）

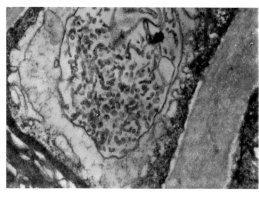

草莓斑驳病毒
（SMOV）

（SVBV），侵染率达81.5%。其中，单种病毒侵染率48%；两种或两种以上病毒复合侵染率33%。四种毒源检出率分别为58%、31%、22%和18%。在不同地区或同一地区不同品种带毒状况不同。草莓斑驳病毒质粒球形，直径25～30nm；草莓轻型黄边病毒质粒弯曲线状，长470～580nm，直径13nm。

传播途径和发病条件 草莓斑驳病毒、草莓轻型黄边病毒、草莓皱缩病毒和草莓镶脉病毒主要在草莓种株上越冬，通过蚜虫传毒；但在一些栽培品种上并不表现明显的病状，在野生草莓上则表现明显的特异症状。病毒病的发生程度同草莓栽培年限成正比。品种间抗性有差异，但品种抗性易退化。上海的"鸡心"和"宝交早生"等品种，近年因感染病毒病而出现严重退化现象。在陕西，发现草莓与蔬菜或桃树套种混栽的发病株率明显升高。

防治方法 （1）选用草莓无病毒苗木，就是彻底去除了草莓病毒的苗木。据不完全统计，草莓病毒病的种类多达62种，其中草莓斑驳病毒、草莓轻型黄边病毒、草莓镶脉病毒、草莓皱缩病毒是为害我国草莓的4种主要病毒，总侵染率达80.2%。防治草莓病毒病现采用茎尖培养，有不同程度的脱毒作用。茎尖越小去掉病毒的机会越大，0.3mm以下的茎尖脱毒率高。组培苗不带毒；0.5mm以上茎只有20%的脱毒率。热处理后取茎分生组织培养，脱病毒的效果明显增加。研究表明，在1/2MS丰香草莓脱毒苗生根培养基中加入0.2～0.6mg/L多效唑后，可促进草莓脱毒苗生根素增加，根粗壮、增长。其中加入0.4mg/L多效唑的处理效果最好。（2）选用抗病品种。如中国草莓1号、美国草莓3号等。（3）发展草莓茎尖脱毒技术，建立无毒苗培育供应体系，栽植无毒种苗。（4）引种时，严格剔除病种苗。不从重病区或重病田引种。（5）加强田间检查，一经发现立即拔除病株并烧掉。（6）从苗期开始治蚜防病。（7）发病初期开始喷洒7.5%菌毒·吗啉胍水剂700倍液或3.85%三氮唑核苷·铜·锌水乳剂500～600倍液、0.5%菇类蛋白多糖水剂300倍液、31%吗啉胍·三氮唑核苷可溶性粉剂800倍液，隔10～15天1次，连续防治2～3次。

草莓丛枝病

症状 我国栽培的春香、宝交早生等草莓发病，植株变黄，出现丛枝、花瓣变小、发绿，花整个或部分不育，全株矮缩。有的能结果，果实畸形，僵缩褪色，严重影响产量和品质。

草莓丛枝病

病原 *Strawberry witches' broom* Phytoplasma，称植物菌原体，属细菌域普罗特斯细菌门植原体属。菌体球形至椭圆形或哑铃形，直径50～260nm，集中分布在寄主韧皮部组织里。

传播途径和发病条件 草莓丛枝病植物菌原体寄主范围广，由东方叶蝉（*Macrosteles orientalis*）接种传毒，能侵染翠菊、金盏花、芜菁、菠菜、洋葱等12科26种植物。

防治方法 （1）杀灭传毒昆虫。（2）培育无病苗。（3）用四环素3000倍液灌根。

草莓芽线虫病

为害草莓的芽线虫有多种，我国南北各地常见的有草莓芽线虫和根瘤线虫。尤其夏季的苗圃，在缺乏良好管理的情况下，受线虫感染的比例相当高。

症状 草莓芽线虫主要为害芽和匍匐茎，轻者新叶发育不良，皱缩畸形，叶片呈深绿色具光泽；重者整株萎蔫，芽或叶柄变为黄或红色，花蕾或花萼片及花瓣发育畸形；严重时花芽不能生长发育，致腋芽生长迅速，造成翌年草莓不结果，减产30%～60%。根结线虫主要为害草莓根部。形成大小不等的

草莓芽线虫病为害状

根结，剖开病组织可见许多细小的乳白色线虫埋于其内；根结之上一般可长出细弱的新根，致寄主再度染病，形成根结。地上部发育不良或死亡。

病原 草莓芽线虫*Aphelenchoides fragariea*和根结线虫*Meloidogyne incognita*、*M.hapla*及*M.javanica*等多种。草莓芽线虫体长0.7～0.9mm，宽0.2mm，头呈四角形。*M.incognita*称南方根结线虫。雌雄异形，幼虫呈细长蠕虫状。雄成虫线状，尾端稍圆，无色透明，大小（1.0～1.5）mm×（0.03～0.04）mm；雌成虫梨形，多埋藏于寄主组织内，大小（0.44～1.59）mm×（0.26～0.81）mm。此外，从江苏、浙江、上海等地先后鉴定出主要草莓种植区的寄生线虫还有水稻干尖线虫（*A.besseyi*）、咖啡短体线虫（*Pratylenchus coffeae*）、核桃短体线虫（*P.vuinus*）、双宫螺旋线虫（*Helicotylenchus dihysters*）、似强壮螺旋线虫（*H.pseudorobustus*）、甘蓝矮化线虫（*Tylenchorhynchus brassicae*）等。

传播途径和发病条件 草莓芽线虫的初侵染源主要是种苗携带，连作地主要是土壤中残留的芽线虫再次为害所致。在田间芽线虫主要在草莓的叶腋、生长点、花器上寄生，靠雨水和灌溉水传播。其生长温度范围为16～32℃，高温28～32℃

最适其繁殖，因此夏秋季常造成严重为害。南方根结线虫以卵或2龄幼虫随病残体遗留在土壤中越冬，病土、病苗和灌溉水是主要传播途径。一般可存活1～3年；翌春条件适宜时，雌虫产卵，孵化后以2龄幼虫为害形成根结。生存最适温度25～30℃，高于40℃或低于5℃都很少活动，55℃经10min致死。

防治方法 （1）培育无虫苗，切忌从被害园繁殖种苗。繁殖种苗时，如发现有被害症状的幼苗及时拔除烧毁，必要时进行检疫，严防传播。（2）选用抗线虫品种。（3）实行轮作，避免残留在土壤中的线虫继续危害。（4）加强田间管理。尤其要加强夏季苗圃的管理，以防线虫密度逐渐升高，酿成大害。（5）在花芽分化前7天或定植前用药防治，对压低虫口具有重要作用。可用1.8%阿维菌素乳油1500倍液或20%辣根素（异硫氰酸烯丙酯），每平方米用20～27g处理土壤，防治草莓线虫及土传病害。

草莓黏菌病

症状 黏菌爬到活体草莓上生长并形成子实体，造成萎蔫，生产上近地面的嫩叶、嫩心受害重，不仅影响草莓的光合作用和呼吸作用，受害叶不能正常伸展、生长和发育；黏菌在寄主上一直黏附到草莓生长结束，造成大幅度减产。该菌虽然不是寄生性的，但对草莓抑制作用十分明显。

病原 *Diderma hemisphaericum*（Bull.）Hornem.（称半圆双皮菌）和 *Diachea leucopodia*（Bull.）Rost.（称白柄菌），均属原生动物界黏菌门。营养体是黏变形体或长短光鞭游动胞经同配形成结合子发育而形成的双倍体、多核、非细胞结构的变形体状原质团；子实体则为原质团集中分化形成的具一定形

草莓黏菌病病叶

态特征的非细胞结构，经减数分裂形成单倍体的孢子，孢子壁含有纤维素。

传播途径和发病条件 黏菌分布十分广泛，凡有植物生长或有植物残体存在，只要温、湿度条件合适，就会有黏菌生存。栽植过密、田间潮湿、杂草多有利该病发生和蔓延。

防治方法 （1）选择地势高燥、平坦地块及沙性土栽植草莓。（2）雨后及时开沟排渍，防止湿气滞留。（3）及时清除田间杂草，栽植密度适宜，不可过密。（4）喷洒50%多菌灵悬浮剂600倍液或45%噻菌灵悬浮液1000～1500倍液。

草莓缺素症

症状 （1）缺氮：幼叶呈浅绿色，成熟叶早期现锯齿状红色，老叶变黄或局部焦枯。（2）缺磷：叶色呈青铜色至暗绿色，叶面近叶缘处呈紫褐色斑点，植株生长不良，叶小。（3）缺钾：老叶的叶脉间产生褐色小斑点。（4）缺镁：在老叶的叶脉间出现暗褐色的斑点，部分斑点发展为坏死斑。（5）缺钙：多发生在草莓开花前现蕾时，新叶端部产生褐变或干枯，小叶展开后不恢复正常。（6）缺铁：普遍发生在夏秋季，新出叶叶肉褪绿变黄，无光泽，叶脉及脉的边缘仍为绿色，叶小、薄,严重的变为苍白色,叶缘变为灰褐色枯死。(7)缺铜:新叶叶脉间失绿,现出花白斑,有别于缺铁症。(8)缺硼:生长点受阻,分枝增多,新叶畸形,叶缘枯焦。果实发育不良甚至畸形,果皮、果肉坏死。

草莓缺氮症状

草莓缺氮症状

草莓缺磷症状

草莓缺钾老叶叶脉间
产生褐色小斑点

草莓缺铁症状

草莓缺镁

草莓幼叶缺钙叶缘干枯变褐

草莓缺硼症

病因 （1）缺氮：土壤瘠薄，施用有机肥不足或管理跟不上，杂草多，易发生缺氮症。（2）缺磷：叶片中含磷量低于0.2%即出现缺磷症，主要原因是土壤中含磷少或土壤中含钙多、酸度高条件下磷素不能被吸收；此外，疏松的沙土或有机质多的土壤也可能缺磷。（3）缺钾：沙土，有机肥、钾肥少的土壤或氮肥施用过量，产生拮抗时也可缺钾。（4）缺镁：沙土或钾肥用量过多，妨碍对镁的吸收的利用。（5）缺钙：多在土壤干燥或土壤溶液浓度高，妨碍对钙的吸收和利用。（6）缺铁：北方盐碱地中常常把2价铁转化为不溶的3价铁固定在土壤中，致根部不能吸收利用，当土壤pH值达到8时，草莓生长受到严重限制，导致根尖死亡，植株幼嫩部位很需要铁，老叶中的铁难于转移到新叶中去，新叶的叶绿素形成受到影响，则出现黄化性缺铁症。（7）缺铜：系因石灰性或中性土壤中，有效铜含量低于0.2mg/kg。（8）缺硼：质地轻、砂性强的土壤有效硼易被淋洗，造成土壤供硼不足；淋溶的红黄壤在成土过程中因强烈的淋溶作用使土壤缺硼；一些新垦的草莓园土壤中有机质少，有效硼不足。此外，土壤过干会影响硼的吸收，加重缺硼。缺硼的临界指标为水溶性硼0.5mg/kg。

防治方法 （1）施足腐熟的有机肥或酵素菌沤制的堆肥，采用配方施肥技术，科学合理地配置各要素，施用促丰宝液肥Ⅰ号400～500倍液或惠满丰多元素液肥，$667m^2$用450mL，稀释500倍，喷2～3次。缺氮时可在花期喷0.3%～0.5%尿素1～2次。（2）生长期发现缺磷可喷洒0.1%～0.2%磷酸二氢钾，隔5天1次，共喷2～3次。（3）缺钾时$667m^2$施硫酸钾3kg。（4）缺镁时，要防止施钾、氮过量，应急时叶面喷1%～2%硫酸镁。（5）缺钙时要适时浇水，保证水分均匀充足，应急时可喷0.3%氯化钙水溶液。（6）缺铁时，要避免在盐碱地种植草莓，土壤pH调到pH6.5为宜，避免施用碱性肥料，多施腐殖质，及时排水，保持土壤湿润，应急时可在叶面喷洒0.1%～0.5%硫酸亚铁水溶液，不宜在中午气温高时喷，以免产生药害。（7）缺铜时$667m^2$施用硫酸铜0.7～1kg，与有机肥充分混匀后做基肥施，3～5年施1次，应急时可喷洒0.1%～0.2%的96%以上硫酸铜水溶液，隔5～7天1次，连喷2次。（8）缺硼时，土施可用硼砂，每$667m^2$用1～1.4kg，土施应施均匀，防止局部硼过多的危害；叶面可用0.1%～0.14%硼砂或硼酸溶液喷施，硼砂是热水溶性的，可先用热水溶解效果好；生产上注意控制氮肥用量，特别是铵态氮过多不仅会导致草莓体内氮和硼比例失调，而且会抑制硼的吸收；生产上要注意水分管理，遇长期干旱，土壤过干时要及时浇水，保持湿润，增加草莓对硼的吸收。

草莓氮过剩症

症状 草莓氮过剩的果实，转色不均匀，造成草莓果实养分不平衡，体内容易积累氨，从而造成氨中毒。叶色深绿，匍匐茎抽生多，开花结果受阻，果实畸形，常呈中间大、两头尖的梭形果，果实基部往往残留部分不转色区，影响产量和品质。

病因 生产上保护地施肥量比露地高4～6倍，容易造成氮的积累过剩。

草莓氮过剩症

防治方法 （1）主要是控制氮肥用量，合理地进行氮、磷、钾的配合施用。（2）草莓采收中后期要特别注意追施氮肥，果实采收期隔几天施一次薄肥，既要注意防止果实期缺氮，也要防止施氮肥过量。

草莓硼过剩症

症状 草莓下位叶产生浓度障碍，叶缘部产生褐色病变，下位叶叶色变深或成深绿色。

病因 容易发生在硼较丰富的酸性土上。硼中毒的临界指标是水溶性硼4mg/kg。

草莓硼过剩症

防治方法 增施有机肥，防止施硼过量，有机肥本身含有硼，全硼含量20～30mg/kg，施入土壤后可随有机肥料的分解释放出来，提高土壤供硼水平，注意提高土壤硼的有效性，同时要控制氮肥用量，特别是氨态氮过多会导致草莓体内氮和硼的比例失调。生产上对硼过剩症的矫治，可土施石灰抑制对硼的吸收，有效防治硼过剩。

草莓畸形果

山东诸城贾悦镇棚室草莓栽培面积很大，采用保温性较好的高温拱棚，就可以确保草莓越冬生产，每667m^{2}效益可达5万元以上。但由于棚室环境特殊，一旦遇到低温阴雨天等情况，草莓畸形果大量发生，会严重影响草莓的种植效益。

症状 草莓畸形果常见的有果型不正、颜色不好，过于肥大或过于瘦小，丧失本品种应有特性，其中，果形不正为果柄过粗、果实扁平呈扇形或鸡冠状居多。

病因 一是品种本身育性不高，雄蕊发育不良，雌性器官育性不一致，导致授粉不完全引起的。二是棚室内授粉昆虫少或由于环境影响，花朵中花蜜和糖分含量低，不能吸引昆虫传粉。三是开花授粉期温度不适。四是光线不足及多湿等条件出现，致花器发育受到影响或致花粉稔性下降，出现受精障碍。五是田间温度低于0℃或高于35℃，花粉及雌蕊受到较大

草莓畸形果

危害，有时花粉发芽率降到50%。六是湿度也影响花药开裂和花粉发芽，湿度80%花粉发芽率维持在35%以上；遮光和短日照也会使不稔花粉缓慢增加。七是草莓在棚温22～25℃条件下，授粉后0.5h，花粉若开始伸长，4h到达子房，6h伸展到整个子房，生产中在花粉管伸长到花柱的途中，或刚达子房时喷洒灭螨猛、敌螨普、胺磺铜等杀菌剂可致雌蕊褐变，以后即使授以正常花粉，也多形成严重的畸形果或不受精果，看来雌蕊障碍是产生畸形果的重要原因之一。

防治方法 （1）选育出花粉量多、耐低温、畸形果少、育性高的品种，如春香、丽红、丰香、宝交、早生红衣等。（2）改善栽培管理条件，排除花器发育受到障碍的因素，尽量将温度控制在10～30℃，开花期相对湿度控制在90%以下，白天防止45℃以上高温出现，夜间防止出现5℃以下低温。提高花粉的稔性，防止畸形果发生。（3）千方百计提高草莓的有效受光面积，延长光合作用时间，及时摘除老叶，提高株间透光率，遇连阴天及时喷施叶面肥，补充营养培育壮株。在保持适宜温度条件下尽量早揭草帘，增加植株进行光合作用的时间，增加透光率，延长光照时间，防止青顶果产生。（4）控制好棚内温度，当棚湿较高时会影响果实品质，当果实周围温度不适宜会影响种子发育，果实表面出现种子凸起，生产上安排南北向栽培的种子凸起现象较少，东西向栽培出现就多，主要是果实受光不均匀，出现果实附近温度不一致，造成种子凸起于果实表面。花期加强温度管理，白天温度控制在20～25℃，夜间保持在8～12℃。（5）做好肥水管理。种植大棚草莓要重施基肥，多使用963智能牌有机肥适时追肥，开花前一周先不要使用浇水，开花后半月浇一次水，并补充氮、磷、钾可冲施全水溶性肥料963智能膨果系列，结果期注重叶片补充营养，如硼、钙，但要控制氮肥的用量，防止产生聚合果。

（6）严格控制农药使用，开花期禁喷任何农药，防止产生畸形果。（7）加强田间管理，合理喷洒海藻酸、甲壳素、核苷酸等补充草莓营养，提高抗逆性，合理负担，在开花前适当疏除，每花序只留7个果。

草莓肥害

症状 草莓肥害因施用肥料种类、施用方式、受害部位不同，产生的肥害症状不同。常见的症状表现为叶缘变褐枯死，由外向内干枯。也有的表现心叶或根系坏死。还有的叶面上出现坏死斑。

病因 一是施用碳酸氢铵或尿素数量较大，施肥后没能及时覆土，散发在棚室中的氨气浓度过高，叶片吸收后发生铵中毒，造成叶片组织坏死、叶绿素解体，产生褐色坏死斑。二是施肥不当，肥料直接碰到叶片，肥料吸水后形成浓度高的肥料溶液，叶片表皮或叶肉细胞形成很大的渗透压，造成叶表皮、叶肉细胞局部失水而坏死变褐。有的施肥不当肥料直接与心叶、根系接触，就会产生类似的症状。三是土壤中过量施用尿素或碳酸氢铵等肥料，造成土壤盐溶液浓度过高，使根系细

草莓肥害

胞组织与外界土壤形成强大的渗透阻力，植株根系吸收养分和水分的正常机能受到抑制而表现受害症状。有些肥料，特别是未腐熟的堆肥、农家肥等施在土壤中，在空气、水分、温度作用下，产生一些有机酸并释放热量，当根系忍耐不了高酸、高热的作用时就发生了肥害。

防治方法（1）采用草莓测土配方施肥技术，注意氮、磷、钾配合施用，防止1次过量施用氮肥。（2）采用适当的施肥方法，通常施肥后要保持土壤湿润。（3）提倡施用顺欣、速藤、好力朴全水溶型水溶肥替代化肥或复合肥。每667m² 冲施5～8kg，提倡施用微生物肥料，可施入微生物复合肥激抗菌968、壮苗棵不死50kg。（4）发生肥害后要加强管理，适当盖土或喷淋叶片或浇水等多种方法，尽快改善空气和土壤环境防止产生肥害，减少损失。

草莓沤根

症状　分菌或移栽期易发生，主要为害根系，产生沤根的植株不发新根，若根皮变褐发锈，逐渐坏死或出现腐烂，植株地上部外叶萎蔫似缺水状，后变褐枯焦，发病重的长期恢复不过来或枯死。

草莓沤根

病因 分苗、移栽后土壤温度长期低于12℃，或浇水过多或遇有连续阴天或雾霾天气使土壤含水量高造成土壤缺氧，根系受低温和缺氧影响，正常生理机能长期受抑，造成根部细胞不断坏死。低洼、黏土地或卧栽的大棚受害重。

防治方法 （1）选用高燥地块分苗或栽植草莓。（2）提倡启用高畦或起垄栽培草莓。（3）加强管理：雨后及时排水，保证地温在10℃左右，防止地温长时间低于5～6℃，防止浇大水，多雨季节要及时排水。（4）发生轻微沤根的要及时划锄，进行中耕，通过散湿改善土壤。必要时用阿波罗963养根素（每667m^{2}用30mL对水15kg）或顺藤生根剂。

草莓田土壤恶化的发生及防止

症状 当前草莓田土壤出现恶化表现：一是盐积化。棚室或连年种草莓的田块土壤上出现青、红、白霜，在种植行内及两侧干燥土壤表面常常出现白色或红色，浇水后会消失，随着土壤逐渐干燥，红、白霜又会出现，在盐积化的土壤中种植草莓，植株矮小，发育不良，叶色浓，严重的叶片变褐，根变褐或枯死。二是酸化板结。良好的草莓田土壤透气性好，而酸化的土壤却是坚硬，通透性差，土壤板结后产生更多的厌氧环境造成有害物质积累，对草莓生长不利。三是连作障碍，土壤恶化以后有益微生物的数量减少或骤减，有害病菌大量产生，土传病害逐年加重。

病因 （1）不合理施肥，过量施用生鲜粪肥，如未腐熟的鲜鸡粪或猪粪，对土壤造成很大影响，现在有些人认为化学肥料就是比有机肥料效果好，生产上大量使用，几年以后中微量元素不足使土壤出现板结，草莓出现很多生理病害。生产上使用水溶性肥料时基本以氮磷钾为主，微量元素并不关注，久

草莓田土壤恶化

而久之必定出现土营养分失衡，使草莓走进"最小养分"的规律之中。二是农事管理方式不合理。（2）长期采取大水温灌的灌溉方式。可以说，大水漫灌是菜农最常用的浇水方式，这种方式操作方便，水量大，可一次满足作物的不同需求。但是长期使用这种浇水方式会对土壤造成压实和淋洗的不良影响。在一定程度上大水漫灌对土壤有较重的压实作用，特别是对于黏性土壤来说，大水漫灌以后土壤耕层处于厌氧状态，从而会产生更多的有毒有害物质。而对沙性土来说，大水漫灌会将易于移动的元素，如氮、钾、镁、硼等大中微量元素淋洗到土壤深层，造成耕作层中养分比例失衡。（3）喜爱精耕。当前保护地土壤翻耕全部使用旋耕机。优势是翻耕快速，施肥均匀。但旋耕机存在的不足却很难发现。很多人会说用旋耕机翻过的土壤更松软。而实际情况是旋耕机翻地太细，会将土壤中的团粒结构打碎，形成更多的细小颗粒。在大水漫灌的方式下，这些细小的土粒被水带到一定深度而沉积，使得犁底层越来越高，土壤的通透性越来越差。（4）全棚覆盖。良好的土壤具有保肥保水性，又有透水透气性。土壤中存在一定的水气比例，根系才能良好生长，土壤中的微生物才更加活跃。但是在草莓生产中，很多人采取全棚贴地覆盖地膜，阻挡了空气进入土壤，使得土壤处于厌氧状态，其产生的二氧化碳以及有毒有害气体不容易排出土壤。明显的表现是草莓生长异常，而对土壤的危害是潜在的，不容易被发现的。(5)使用不合格的农资。在保护地栽培草莓时，农资投入品是必不可少的。而如果使用劣质的农资投入品就会造成土壤快速恶化，甚至无法种植。在实际生产中，因使用劣质农资投入品而产生的问题比比皆是。如购买粪肥时，不法经销商会通过添加火碱来增加粪肥体积，而添加了火碱的粪肥施入土壤会破坏土壤酸碱度，树根系造成直接破坏，使得草莓无法生长。而进入土壤的火碱在处理时难度较大。如常用的商品有机肥，如果使用了含有重金属和有机酸的劣质产品，将会对土壤以及草莓造成长期的影响，严重的甚至不能够种植。即使在栽培过程中表现不明显，但会对草莓安全形成潜在的威胁。再如使用氯化钠、硫酸镁或其他化学成分物质等替代钾肥原料生产的劣质水溶肥，由于用量少在短期内不会造成严重的危害，但是随着长期使用，草莓必定会出现问题。关键是劣质水溶肥对土壤造成的影响将会是长期的而且是不容易改良的。

防治方法 (1)采用五道防线进行高温熏杀、生物防治、栽培防治、冲灌杀灭及阻止再传入。高温熏杀这道防线即结合进行高温闷棚，通过施用熏杀药剂来达到消灭土传病害的目的，常用药剂有威百亩、石灰氮、棉隆等，其方法是清园；翻地前3天浇1水，结合施用有机肥一起使用旋耕机进行翻地；开深20cm，宽30cm左右深沟；施药并及时覆土盖膜；密闭棚室，熏蒸15天左右，揭膜散气。生物防治可选用淡紫青霉、厚孢轮枝菌、芽胞杆菌、放线菌，方法有4：一是发酵菌剂的应用；二是畦施生物有机肥；三是穴施生物菌剂；四是蘸盘或蘸根。栽培防治是通过选择抗性品种或通过嫁接的方法进行防治，也可采用冲施或蘸根的方式杀灭，如选用阿维菌素加甲壳素一个月一次。或唐山激抗菌肥业有限公司出品的菌蛭肽冲施肥，在土壤正常情况下每667m²用10～15kg效果好。也可选用甲壳粉4～6瓶/667m²或963智能膨果篮，防止后期早衰。阻止防线虫方法有3：一是进棚换鞋，二是火烧加热旋耕犁，三是缺苗不借苗。（2）土壤微生物失衡的修复。在草莓生产中根腐病、茎基腐病、枯萎病、黄萎病等土传病害越来越严重，表明土壤微生物生物种群已经出现变化或出现失衡，北方蔬菜报认为：一方面要采取有效的措施，杀灭有害微生物，另一方面要及时补足有益微生物。总的来说，恢复土壤微生物群落的平衡，既要选择好的微生物菌剂，更要有好的补菌方法，即提高用量、连续使用、避免失活。当前优秀的微生物制剂品牌很多，如激抗菌968、木美土里、胜之道、极靓、中农绿康等等。在使用时就需要注意：一是根据土壤情况，适当增施。如土传病害非常严重、土壤熏蒸后、土壤有机质足够等条件时，可在建议用量的基础上适当增加。二是菌剂要连续使用，一般有益菌在土壤良好情况下可持续30天左右的效果，但实际生产中却达不到，因此菌剂要连续使用。三是避免失活，即菌剂使用后要保持合适的土壤温湿度、减少杀菌剂投入土壤等。（3）土壤养分失衡的修复。当前我国草莓生产中，过量施肥是造成的土壤养分失衡的主要原因。因此土壤养分失衡修复的主要指标是降高补低，即降低过量的养分，补足缺少的养分。在进行失衡养分修复之前，建议进行土壤检测，充分了解土壤养分的丰缺情况，从而有目的地进行修复。一般来说，除新建棚室外，氮、磷、钾普遍存在超标情况，即使用过量。可根据测土结果，减少氮磷钾的用量。普遍的措施是不降量间隔使用或降量连续使用，例如20-20-20水溶肥，每667m²使用10kg时，可间隔使用；每667m²使用5kg时，可连续使用。降低了过剩养分的用量，再就是补足所缺乏的养分。也可通过土壤检测发现。相对而言，中微量元素易出现缺乏的情况。一方面可通过底施中微量元素肥料，补充土壤中缺乏的养分，另一方面要降低过剩元素对中微量元素的拮抗，底施中微量元素效果不好时，可通过关键节点冲施螯合态的中微量元素或通过叶面喷施螯合态中微量元素进行补充。养分失衡的修复不能采取一次性补救措施，否则会出现矫枉过正的情况。（4）土壤酸碱度失衡的修复。草莓生产过程中应每年对大棚土壤做一次检测，及时了解大棚土壤的健康状况。在草莓定植之前，应该大量施用腐熟好的优质有机肥，增加棚室土壤有机质的含量，提高土壤对酸化的缓冲能力，使土壤pH值保持在中性。耕作层加深到30～40cm，将上下层土壤对换，改善土壤结构。加大有益微生物的投入，促进有机物的分解，提高利用率，抑制病害的发生。对于化学肥料的投入，应根据检测结果合理施肥，同时配合施用钙、镁、硼、锌、钼等中微量元素。生理酸性肥料干脆不用。对于乙经酸化的土壤，可采用以下措施进行改良。生石灰改良法。生石灰施入土壤中可中和酸性，提高土壤pH值，直接改良土壤的酸化状况，并且能为草莓补充大量的钙。酸性不同的土壤用量不一样，pH值为5.0～5.5的地块，每667m²混入130kg左右；pH值为5.5～6的地块，每667m²混入65kg左右；pH值为6.0～6.4的地块，每667m²混入30kg左右。撒完石灰以后，使用旋耕机细致翻地，使石灰和土壤充分混合。使用土壤改良产品。实验发现钙离子浓度增加可以改变土壤表层的酸度，这就说明使用含钙离子的物质可以有效控制土壤的酸性问题。硅钙镁肥、碳酸钙肥以及碳酸镁肥也可以达到改良酸性土壤的良好效果。需要注意的是，在使用生石灰和土壤改良产品的条件下也需要加在有机肥和微生物肥的用量，对于加快酸化土壤的改良和保持土壤改良后的效果有非常重要的作用。（5）采用土壤有益菌与有机质配合加速土壤团粒结构形成。草莓产量要想提高，生产精品果，土壤团粒结构是非常关键的，而土壤肥力很重要的指标就是其保水、保肥、透水、透气的特性，而这也是土壤团粒结构的主要特性。因此，要想提高草莓的产量，就需提高土壤肥力水平，而提高土壤肥力的目标就是促进更多团粒结构的形成，并且保证其不被破坏。土壤有益菌是形成团粒结构的动力所在。在实际生产当中，多施用生物发酵菌剂和冲施复合菌剂两类方法。使用方法也有两种，一种是有机肥使用后在翻耕前泼洒或均匀喷施，另一种是翻耕土壤以后随水冲施，而后进入有机肥发酵腐熟阶段。在草莓栽培时期，土壤有机质丰富的条件下，及时补充复合菌剂也利于团粒结构形成。补充的方式多以冲施为主，目前复合菌剂市场有很多知名品牌，如木美土里的团粒素可在定植前与生长期内冲施，每 $667m^2$ 用量为 $1 \sim 2$ 桶；胜之道土管家可底施可冲施，每 $667m^2$ 用量为 $1 \sim 2$ 袋或 2 桶。

草莓再植病害

草莓再植病是指同一种作物连续在同一地块种植，进入第二个生长季以后作物便发生的生长发育不良加重，造成产量和品质严重下降的现象。早在中国古代就有关于一些作物连作之后病害加重的记载，日本称这类问题为忌地现象或连作障碍，欧美国家称之为再植病害。一般认为再植病害是由于作物连续在同一地块种植后，其根系生长的土壤理化环境及土壤生物环境恶化，同时根部病原菌不断积累，造成各种类型根腐病或黄萎病发生。近年来中国大棚栽培草莓兴起，种植面积逐年扩大，无法进行轮作，连作障碍日益明显，草莓连作病害成为制约草莓生产的主要因素，轻者导致减产减收，重者绝收，严重制约草莓可持续发展。黑龙江、吉林、江苏、河北、山东均有草莓再植病害严重发生报道。如徐州草莓地块死株率高达20%～30%，发病重的达50%以上。河北满城县连作地草莓发病率高达82.9%，第3年发病率100%。哈尔滨草莓种植区重茬草莓异常植株占到77.5%。

症状 连作草莓生长发育不良，表现在株高下降、叶片数少，生物量下降、现蕾、开花等主要生育期均明显落后于正常草莓，进入开花结果期随气温升高及植株内营养物质消耗的增大，连作草莓生长发育状况急剧恶化，地上部分出现黄化、萎蔫及枯萎症状，常见急性萎凋型和慢性萎缩型两种。急性萎凋型：多发生在春夏两季，生长前期症状不明显，到3月中旬至5月中旬地下部急剧发展，特别是雨后初晴叶尖突然凋萎，不久呈青枯状，引发全株迅速枯死。慢性萎缩型：在定植后至冬初9月中下旬至11月上旬，植株呈矮化萎缩状，下部老叶叶缘变紫红色或紫褐色，逐渐向上扩展，全株萎蔫枯死。地下部表现根腐症状。根据草莓根部症状，草莓再植病害可分为：草莓根腐病，症状为全根腐烂；草莓冠根腐，症状为根腐烂呈白色，因此又称草莓白根腐；草莓鞋带冠根腐，病菌由根冠侵染，被害根似硅带状；草莓红中柱根腐或草莓红心根腐，受害根中柱变成红褐色，由内到外腐烂；草莓黑根腐，受害根呈黑色或棕褐色，由外至内腐烂。

草莓再植病害症状
（曹克强摄）

病因 （1）土壤生物学环境恶化，重茬种植导致土壤有害微生物增加，土传病害加重，由于栽培作物种类单一，形成特殊的环境，使硝化细菌、氨化细菌等有益微生物受到抑制，而有害微生物大量发生，使土壤微生物和无机成分的自然平衡受到破坏，导致了肥料分解过程障碍，土壤中病菌蔓延。有研究表明：温室大棚土壤中，亚硝酸细菌和硝酸细菌数量高于露地土壤，表现为积累的硝态氮含量高，且随温度上升呈逐渐增多的趋势。随保护地种植年限的增加，土壤有害真菌的种类和数量明显增加。病害在所有连作障碍原因中占85%左右，特别是土壤病害，是连作障碍的主要因子，而且有些从未发现的具有危险性的菌类也会对作物根系产生不良影响。室内分离病根可得到多种病原物，常见的有：引起草莓黑根腐病的立枯丝核菌、镰刀菌、腐霉菌、拟盘多毛孢；引起草莓红心（中柱）根腐病的草莓疫霉；引起草莓白根腐病的褐座间壳、菜豆壳球孢；引起草莓鞋带冠根腐病的蜜环菌等。其中草莓黑根腐在草莓根病中为害最重，影响也最大，其病原涉及十几个属。红心（中柱）根腐为害居次。（2）土壤次生盐积化和土壤酸化。土壤中可溶性盐类随水向表层移动而积累，含量超过0.1%或0.2%的过程称为土壤次生盐积化。一方面是由于农民在生产过程中为了追求高产，大量施用化肥，造成土壤中硝态氮和速效磷含量严重超标；另一方面是由于棚室长年覆盖或季节性覆盖，土壤得不到雨水的充分淋洗，加重了土壤盐积化。（3）土壤物理性质不良。常年连作引起盐类积累，使土壤板结，通透性变差，需氧微生物的活性变差，土壤熟化变慢，再加上翻耕深度不达标造成土壤耕作层变浅，影响根系的伸展，造成草莓植株生长发生障碍。（4）植物自毒作用。某些植物可通过地上部淋溶，根系分泌和植物残茬腐解等途径释放一些物质，对同茬或下茬同种或同科植物生长产生抑制作用，这种现象被称为自毒作用。生产上连作条件下田间草莓根系分泌物逐年积累后产生自毒作用也是草莓再植病害发生的重要原因。

传播途径和发病条件 病原菌主要以卵孢子、厚垣孢子或菌丝体在地表病残体或土壤中越夏。河北满城调查，即使在倒茬后第5年再植，草莓发病率可达34.2%，第8年仍为13.2%，给草莓再植病害的防治工作带来了困难。卵孢子和厚垣孢子在条件适宜时即萌发，侵入植物根系或幼根，在田间可通过病株土壤、水、种菌和农具带菌传播。病害发生，流行程度与当年的初侵染菌量及下列因素有关。重茬连作年限长，土壤中的病菌积累多，已成为病害流行的一个主要因素，所以草莓再植病害的发生与草莓的连作年限正相关，老产区比新产区发病重。土壤瘠薄，缺乏有机肥及偏施氮肥，施用未腐熟基肥发病重。在适宜的温、湿条件下，灌水方式、灌水量、灌水时间都是诱发草莓再植病害的主要因素，大水漫灌易造成病害流行，小水浅浇或滴灌发病轻。在带菌田块育苗，把重茬条块作为匍匐茎繁殖基地，田间积累了大量病原菌，幼苗易感染，发病早且重。过度密植，栽培垄过低，植株基部老叶多，垄土积水，扣棚后通风不良都会导致发病严重。草莓再植病害的发生与品种、种质、种苗有关。易感病品种，种质、种苗质量差，发病重。

防治方法 防治草莓再植病害是现代草莓生产的一大难题，目前尚未找到根治方法。土传病害的防治应以农业防治、生物防治、化学防治、物理防治等综合防治为主，保持土壤中病原菌和有益微生物的平衡。防治策略是以抗病或耐病品种为基础，以栽培管理为重点，结合合理使用生物制剂或高效低毒的杀菌剂的综合调控：(1) 选育抗病新品种。草莓抗病新品种可控制多种土传病虫害，选用抗病新品种是一种有效的轮作方案。生产上针对草莓的土传病害进行控制，美国共推广了17个抗红心（中柱）根腐病的品种，如金明星、胡德、本领等成为美国西北部和加拿大西部许多地区主栽品种。20世纪80年代初还培育出晚光抗黄萎病和红心（中柱）根腐病的品种，可减轻草莓再植病的发生。（2）农业防治。改连作制为轮作制，合理间作。提倡后茬种植采本科或十字花科植物。5月下旬草莓收获后种植水稻，短期栽培后割青翻入土中。也可种植密度特大的高粱或玉米。7月上旬植株长到70～80cm高时割青后翻入土壤中，进行轮作倒茬是降低连作障碍的有效途径。（3）物理防治。利用太阳能防治草莓再植病是有效方法。可有效防治草莓立枯病、黄萎病、线虫及杂草。施入草莓生长季所需的有机肥，每667m²施入秸秆1000kg、土壤净化剂50kg，耕翻土壤做成高畦，浇大水成饱和状态，2～3天后覆盖塑料薄膜，暴晒1个月使土温升到40℃以上有效。（4）化学防治。提倡用氯化苦进行土壤消毒，方法为挖深度2cm的穴，穴间距2.5cm，每穴灌药2～3mL，立即封土覆膜，1周后揭膜，翻地，半个月后种植草莓消毒效果好。（5）应用新型生物农药及甲壳素进行秧苗蘸根：在地下控15cm深的槽，内铺塑料膜将甲壳素生物药剂500倍液倒入糟内，把草莓秧苗放入浸泡根际2h；浇稳苗水，定植时用甲壳素生物药剂800倍液浇根。

草莓空心果多

症状 近年栽培的草莓出现了空心果，这种草莓外形大，但从顶部看是中空的，看着个大，但重量不大，失去商品价值。

病因 造成草莓空心的原因比较多：一是水肥不足、留果不合理、施用的肥料选用不当造成的；二是为了促进草莓膨果冲施了含有激素的肥料，造成果实生长膨大过快，出现了空心果。

草莓空心果

防治方法　（1）不要用激素类膨果肥或施用激素过量。生产上可选用阿波罗智能朋果大量元素水溶肥，其中含有磷酸二氢钾、复合甲壳素等，有利于草莓吸收，促进果实膨大，防止突飞果出现。（2）坐果初期浇水时，每667m²用智能朋果肥4kg，进入盛果期改用6～10kg，能有效地为植株提供充足营养，促进开花坐果。（3）发现草莓叶片变色，是缺素引起的，根系发育不良，生产上要注意养根，也可用阿波罗963养根素冲施，667m²用100mL，养根、促根作用明显。

（2）蓝莓病害

美国是最早种植蓝莓的国家，也是最大的蓝莓生产国。我国对蓝莓引种栽培始于20世纪末，近年栽培面积不断扩大，我国蓝莓生产正处在快步发展期，我国蓝莓栽培历史较短，对其病虫害研究刚刚起步。吉林农业大学小浆果研究所对我国蓝莓等小浆果果树育种选育出30多个新品种，2006年吉林、黑龙江、辽宁、山东四省通过合作已推广蓝莓333hm²（1hm²=15亩），目前辽宁已超过400万公顷，2010年全国栽培面积已达到2万公顷，总产量10万吨，正在形成一个具有国际市场竞争力的蓝莓产业，经济效益相当好。

蓝莓灰霉病

蓝莓又名越橘，是杜鹃花科越橘属灌木小浆果果树。在我国随着冬暖棚蓝莓栽培面积不断扩大，灰霉病为害日趋严重，成为蓝莓生产上的最重要病害之一。

症状 侵染蓝莓的花、果实和叶片、花序轴及枝条部位。初期从已过盛花期的残留花瓣、花托或幼果柱头开始侵染，后产生白色霉层；果实受害部位果皮初呈灰白色、水渍状，后组织软腐，病部表面密生灰色至灰白色霉层，风干后果实干瘪、僵硬；叶片染病多从叶尖发生，病斑呈"V"字形，逐渐向叶内扩展，伴有深浅相间不规则灰褐色轮纹，表面生少量灰白色霉层；花穗轴、茎秆染病表生灰白色霉层，引起病部上端的茎叶枯死。

病原 *Botrytis cinerea* Pers.，称灰葡萄孢，属真菌界无性型子囊菌葡萄孢核盘菌属。分生孢子梗略弯，有隔膜，浅褐色，顶端分枝，分枝末端小梗上聚生分生孢子。有性型为葡萄孢核菌。该菌 5 ～ 30℃均可生长，适温为 15 ～ 25℃，适宜 pH 值为 5 ～ 6。

花被侵染（董克锋摄）

果实组织发生软腐
（董克锋摄）

病部表面生灰白色
霉层，后期干瘪状
（董克锋摄）

花序轴染病状（董克锋
等摄）

传播途径和发病条件　病原菌以菌丝、菌核、分生孢子在土壤中越冬，也可以菌丝体在树皮或冬眠芽上越冬。条件适宜时菌核萌发产生新的分生孢子，在冬暖棚中从败花、柱头、伤残叶片、伤口等处侵入，发病后又产生分生孢子，通过气流进行多次重复侵染，病花瓣掉落在哪个部位都可引起发病。

发病条件　蓝莓开花结果期棚内温度低，13～23℃，空气相对湿度超过90%，持续3天以上即发病。蓝莓灰霉病病菌腐生性强，蓝莓生长势弱易发病，缺钙、缺镁利其发病，旧棚较新棚发病重。生产上主栽蓝莓品种蓝丰、公爵、伯克利、北陆四个品种，以花瓣脱落及时和干净的蓝丰表现抗病。公爵花瓣脱落慢易染病。

防治方法　（1）从防治灰霉病角度选用北陆、蓝丰品种。（2）蓝莓直接入口，应符合有机食品要求，不能使用化学农药，提倡采用农业、物理、生态防治法。（3）棚室要做好处理。扣棚前清除干净残留在棚内枯枝、烂叶等病残体。冬暖棚选用3层EVA防雾无滴膜或聚乙烯无滴膜作棚膜，防止棚膜上产生露水。扣膜后升温前可采用硫黄熏棚或喷洒石硫合剂等方法对棚内进行消毒处理。采用地膜覆盖降湿；增挂反光幕改善光照。（4）按蓝莓需肥要求施入腐熟有机肥、微生物菌肥及微量元素，氮、磷、钾比例1∶0.4∶1.2，防止偏施氮肥，生长期内喷施2～3次有机钙肥，开化期喷1～2次20mg/kg维生素C，可提高植株对灰霉病抗性。（5）生态管理。上午温度保持在28～33℃，维持1～2h。（6）生物防治。蓝莓萌芽前喷1次2亿活孢子/g木霉菌可湿性粉剂500倍液，花前再喷1次，基本能控制灰霉病。也可在发病初期遇有阴雨天用硫黄熏烟防治，每667m²分放5～6处，晚上点燃闭棚过夜熏8h通风换气。

蓝莓僵果病

症状 主要为害幼嫩枝条和果实。造成幼嫩枝条死亡或在健果收获前大量脱落，果实形成初期染病果实外观无异常，切开病果后可见白色海绵状病菌，随果实成熟与正常果实绿色蜡质的表面相比，染病的果实呈浅红色至黄褐色表皮软化，收获前病果大量脱落。

病原 *Monilinia Vaccinii-corymbosi*（Reade.）Honey，称蓝莓链核盘菌，属子囊菌门真菌核盘菌属。子囊盘从越冬的僵果（假菌核）上产生，具柄，盘状，淡紫褐色；子囊棍棒形，含8个子囊孢子，孔口在碘液中呈蓝色；子囊孢子椭圆形，无色单胞。无性型为核果链核盘菌 *Monilia Laxa*（Aderh. Et Ruhl.）Honey.，分生孢子梗二叉状或不规则分枝，无色；芽生串孢型的分生孢子，椭圆形，单细胞，孢子链呈念珠状，引起蓝莓僵果病。

传播途径和发病条件 此菌在受害寄主蓝莓果实内形成假菌核并形成丛梗孢型的分生孢子，进行传播。

防治方法 （1）入冬前清除蓝莓园落叶、落果并集中深埋或烧毁，能大大降低该病的发生。（2）春季开花前浅耕和土

蓝莓僵果病

壤施用尿素均可减少该病发生。（3）早春喷洒50%尿素，可控制僵果的最初阶段。蓝莓开花前喷洒50%腐霉利可湿性粉剂1000～1200倍液或50%异菌脲悬浮剂900～1000倍液、70%甲基硫菌灵或多菌灵1000倍液、50%乙烯菌核利水分散粒剂1000倍液。

蓝莓根癌病

症状 蓝莓根癌病发生后影响根部营养吸收，妨碍植株吸收营养和水分，造成生长发育受阻，据观察主要为害1年生枝条，结果枝上发生较少。每年5月下旬发生严重，进入旺长季节根系抗性增加，根癌病扩展不快，年复一年病害呈加强的态势。

病原 *Agrobacterium tumefaciens*（Smith et Townsend.）Conn.，称根癌土壤杆菌，是有细胞壁的革兰阴性菌。属细菌域土壤杆菌属。菌体杆状，不产生芽孢，大小为（0.6～1.0)μm×(1.5～3)μm，单生或双生，以1～4根周生鞭毛运动，如果是1根则多为侧生，革兰染色阴性。菌落通常为圆形、隆起、光滑，无色素，白色至灰白色，半透明。

蓝莓根癌病

蓝莓根癌病茎受害状
（董克锋原图）

传播途径和发病条件 该细菌是土壤习居菌，很容易引发根癌病。寄主范围广，还能引发许多双子叶植物和裸子植物冠瘿病。

防治方法 （1）严格选择苗木，对出圃的苗木进行根部检查，剔除病菌，一定要栽植健康苗木。（2）耕作施肥时千万不要伤根，并及时防治地下害虫、线虫。（3）发现病株及时挖除并集中处理，切除根瘤并烧毁，再涂5°Bé石硫合剂或1%硫酸铜液或抗菌剂402的50倍液，病株周围的土壤要用402抗菌剂2000倍液灌浇消毒。（4）可采用K84菌悬液浸苗或在定植或发病后浇根，均有一定防治效果。（5）使用根癌灵直接用药即可治愈，用药后根瘤可自行脱落，彻底根治。

蓝莓枯焦病毒病

症状 受害植株早春刚开花时，表现为花萎蔫和死亡。有时整个花絮连同邻近叶片突然死亡或枯焦；早春时还伴随部分嫩梢顶部坏死，逐渐向下扩展造成枝梢顶部4～10cm枯死，严重时造成整个灌丛死亡。

病原 *Blueberry scoreh virus*，称蓝莓枯焦病毒。

蓝莓枯焦病毒病

传播途径和发病条件 主要靠繁殖材料扩散传毒，还可通过蓝莓蚜虫传播，因此田间扩展与蚜虫活动关系密切，表现为以侵染源为中心的辐射状扩展模式，易于扩展到邻近地块，范围常在0.8km以内。

防治方法 （1）严格培育，种植无毒苗为主，选用耐病蓝莓品种。早期发现病毒应及时快速检测确诊。（2）确诊后把病株连根挖出烧毁。（3）发现传毒蚜虫及时喷洒杀虫剂封杀。

据迟福梅、丁艳杰等介绍：（除蓝莓枯焦病毒病外）美国蓝莓种植区病毒病还有蓝莓花叶病、蓝莓红环斑病、蓝莓急性坏死病、蓝莓坏死环斑病、番茄环斑病毒引起的环斑病、蓝莓叶片斑点病、蓝莓莲座花叶病、蓝莓鞋带病、蓝莓矮化病等，果农对病毒病害的发生扩展缺乏认知和防治经验，在蓝莓快速发展时期，存在病毒病快速传播而后严重爆发的潜在危险。本书只能简要介绍美国蓝莓病毒病的种类，为我国蓝莓种植者提供参考。

（3）树莓病害

树莓叶斑病

分类学上树莓和黑莓同属，分属于不同的亚属。树莓属于

树莓叶斑病病叶

空心莓亚属，黑莓属于实心莓亚属，都是悬钩子属植物，因此树莓及黑莓的病虫害发生及防治类似，可互为参考。

症状 主要为害叶片，造成植株提早落叶，影响光合作用。生产上从下部叶片先发病。叶上产生较多环状斑点或枯斑，病斑内部组织枯死，但不脱落，常常产生红色或棕褐色有晕圈或无晕圈病斑，后期整个叶片干枯脱落，严重时全株枯死。

病原 *Sphaerulina* rubi，称树莓亚球壳，属真菌界子囊菌门。具单个子囊腔的子囊座埋在寄主组织内，子囊束生，宽棍棒形至圆筒形，子囊孢子长椭圆形，有3个隔膜浅黄色。

传播途径和发病条件 病原菌在病株枯枝和残片上越冬，随风雨传到下部叶片。该病从5月份开始发病，高温多雨发病重。

防治方法 （1）选用抗病的树莓品种，合理密植，及时修剪，加强通风透光，及时清理病残体，降低田间湿度，雨后及时排水，防止湿气滞留。（2）发病初期喷洒80%代森锰锌可湿性粉剂或50%甲基硫菌灵悬浮剂1000倍液，7～10天1次，连防2～3次。

树莓灰霉病

症状 主要为害花、幼果和成熟果实，也为害叶片。初发病时花梗、果梗先变成暗褐色，后逐渐扩展蔓延到花萼和幼果，天气干燥时失水萎蔫，湿度大时，出现大量花朵枯萎脱落或果实干瘪皱缩，表面产生一层灰色霉状物，即病原菌的分生孢子梗和分生孢子。果实染病后扩展十分迅速，常造成该病大面积流行。叶片染病产生不规则褐色病斑，湿度大时也产生灰色霉层或霉状物。

病原 *Botrytis cinerea*，称灰葡萄孢，属真菌界无性态子囊菌。病菌形态特征、病毒传播途径参见蓝莓灰霉病。

防治方法 参见蓝莓灰霉病。

树莓灰霉病（董克峰原图）

树莓根癌病

树莓根腐病是树莓生产上的一种毁灭性病害，经常发生在排水较差的重黏土壤上。

症状 树莓根癌病多发生在根颈处，有时发生在主根或侧根上，发病处开始产生近圆形浅黄色小瘤1个或多个，表面

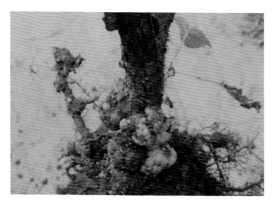

树莓根癌病
（董克峰原图）

光滑，后病部逐渐扩大，有的在大瘤上又产生多个小瘤，表面粗糙或龟裂，质地坚硬，后变深褐色，造成病树生长缓慢甚至枯死。

病原 *Agrobacterium tumefaciens*（Smiht et Townsend.）Conn.，称根癌土壤杆菌，属有细胞壁的革兰阴性菌土壤杆菌属。病菌形态特征、病害传播途径、防治方法见蓝莓根癌病。

树莓根腐病

症状 树莓根腐病的爆发是从中心病株开始的，范围不断扩大，尤其是低洼地。症状出现在植株上部，受春末或初夏气候影响有些结实树莓茎不发芽，尤其是侧生结实茎，在结实前或结实期间枯萎或干瘪。把这些茎基部的周皮剥去时，可见木质部的下部通常变成红褐色至褐黑色。病株缺失幼嫩的当年生的初生茎，幼茎枯萎。叶片在成熟前变成青铜色或红色。在很多幼茎的基部产生黑紫色的斑点，且可延伸至土表向上20～30cm，受侵染的根系严重腐烂。

病原 *Phytophthora fragariae* var.*rubi* Wilcox & Duncan，称树莓根腐病菌，属假菌界卵菌门疫霉属。成熟的藏卵器

树莓根腐病叶尖受害
状和根被害状

金褐色，直径28～46μm，含有1个未满的卵孢子，直径22～44μm，多数球形，有时呈桶形，无乳突的次生孢子倒洋梨形，大小（32～90）μm×（22～52）μm。

传播途径和发病条件 病原菌能随表面水或浇水传播，尤其是非常潮湿的暖冬传播更快，病菌也能随工具和土壤传播，但最重要的还是树莓的繁殖体，不仅在国内传播，也可在国际间传播。该菌能以卵孢子在土壤中存活多年，病菌能快速地积累和扩散，一年内能发生多个增殖循环。

防治方法 （1）树根腐病病菌可随土表水或浇灌或排水进行扩散，灌溉时要特别注意，发现出现病株时要及时尽快挖除病株，集中销毁，病根处土壤可浇灌25%甲霜灵可湿性粉剂500倍液。（2）也可在秋季或春季用80%代森锰锌可湿性粉剂500倍液与甲霜灵混用或直接施入根部土壤中。

树莓疫霉果腐病

我国树莓种植区树莓疫病发生普遍，尤其是水浇地时有发生，危害尤其严重，有些地区种苗在冬前就已染病，造成冬前烂根死亡，越冬后开花期死亡，是低温多雨地区常发病害。

树莓疫霉果腐病症状

症状 该病常发生在树莓根、花穗、果穗、蕾、花、果及叶上，根染病由外向里变黑，早期地上部位不显症，进入结果期则表现植株失水萎蔫，浆果膨大不足，色暗无光泽，果小、味淡、汁少，严重时死亡。花染病果穗成批急剧变黑枯死或浆果干腐，有臭味。

病原 *Phytophthora nicotianae*，称烟草疫霉和 *P. citrophthora*，称柑橘褐腐疫霉及 *P. citricola*，柑橘生疫霉共3种，均属假菌界卵菌门疫霉属。形态特征参见本套丛书。《柑橘、橙、柚病虫害防治原色图鉴》分册。

传播途径和发病条件 病原菌以卵孢子在病果、病根等病残物上或土壤中越冬，翌年条件适宜时产生孢子囊，遇水释放游动孢子，借病苗、病土、风雨、流水、农具等传播，侵染危害。地势低洼、土壤黏重、偏施氮肥发病重，遇低温、阴雨多湿易流行成灾。

防治方法 （1）入冬防寒前清扫田园，把病叶、病枝集中烧毁，清除病原。加强栽培管理，低洼积水地块采用高畦栽培，合理施肥，防止偏施氮肥。（2）早春发芽前、开花后及幼果期喷洒68.75%恶酮·锰锌水分散粒剂1200倍液或44%精甲·百菌清悬浮剂600倍液、560g/L嘧菌·百菌清悬浮剂700倍液。

树莓白粉病

症状　叶片染病，叶表面产生一层灰白色粉质霉，逐渐向整个叶片扩展，严重时叶片卷缩干枯，新枝蔓染病初现灰白色小斑，后扩展蔓延造成全蔓发病，病蔓由灰白色变成暗灰色。果实受害先在果粒表面产生一层灰白色粉状物，擦云白粉表皮呈褐色花纹状。

病原　无性型是真菌界子囊菌门粉孢属。有性型是钩丝壳属，也属子囊菌。

传播途径和发病条件　病原菌以菌丝体在受害组织上或芽鳞片内越冬，翌年春季产生分生孢子，借风雨传播到寄主表面，菌丝上产生吸器，直接深入寄主细胞内吸取营养，菌丝多在寄主表面蔓延，果面、枝蔓以及叶面呈暗褐色。一般在7月上旬至9～10月均可发生。

防治方法　（1）加强树莓管理，增施有机肥，提高树势，增强抗病力。及时摘心，疏剪过密枝叶，及时绑蔓，保持通风透光，可减少发病。（2）发病前喷一次3～5波美度石硫合剂，发芽后喷0.2～0.5波美度石硫合剂或70%甲基硫菌灵800倍液、25%三唑酮可湿性粉剂1000倍液。

树莓白粉病

树莓立枯病

症状 主要为害小苗的叶片、茎秆及根部。叶片染病，病斑多从叶尖、叶缘开始出现症状，后向叶片下方扩展，产生浅黄色、褐色病变，后期颜色变深，变成褐色，湿度大时长出霉层，叶片坏死后病部以下向茎上扩展，茎上产生褐色坏死。

病原、传播途径、防治方法参见草莓丝核菌芽枯病。

树莓炭疽病

症状 主要为害树莓的茎，也为害叶片和果实。茎部染病初在茎上产生紫色斑点，扩展后颜色变灰，出现1个红色晕圈，病部凹陷，多个病斑融合后产生环状病斑。叶片染病，从上部叶片开始产生黄白色小斑点，后随病斑扩展，病斑中央变成灰白色带有红紫色晕圈，严重时出现穿孔，后期病斑上长出小黑点，即该病病原菌的分生孢子盘。严重的引起叶片早落或整株枯死。

病原 *Colletotrichum gloeosporioides*，称胶胞炭疽菌，属真菌界无性型子囊菌。

传播途径和发病条件 该病多在雨中释放分生孢子传播，也可随叶片随风传播，可在寄主器官成熟前进行侵染，还可以侵染丝在寄主角质层下或表皮细胞中潜伏，当有利于病菌生长的条件出现时，终止休眠状态，引起寄主发病。

防治方法 （1）彻底清除病穗、病蔓及病叶，及时整枝绑蔓、摘心，使架面通风透光。（2）萌芽成绒球时期，喷一次0.3%五氯酚钠+4波美度石硫合剂。（3）南方从4月下旬，北方从5月下旬进行喷药防治，喷洒80%炭疽福美700倍液、50%百菌清600倍液，隔10天1次，连续防治2～3次。

2. 草莓蓝莓树莓黑莓害虫

古毒蛾

学名 *Orgyia antiqua*（Linnaeus），属鳞翅目、毒蛾科。别名：落叶松毒蛾、缨尾毛虫、褐纹毒蛾、桦纹毒蛾。分布在黑龙江、吉林、辽宁、河北、内蒙古、山东、山西、河南、甘肃、宁夏、西藏。

寄主 草莓、猕猴桃、苹果、梨、山楂、李、榛、杨等。

古毒蛾幼虫食害草莓叶片

古毒蛾成虫

为害特点 幼虫食叶成缺刻和孔洞，严重时把叶片食光。

形态特征 成虫雌体纺锤形，无翅。雄体前翅火黄色，内、外线栗褐色，外线外部有一弯月形白斑。幼虫头黑色，腹部浅黄色，前胸两侧及第8腹节背各有黑长毛一束，第一腹节毛束灰或黄褐色。北京1年发生2代，以卵越冬，翌年5月卵孵化，6月下旬化蛹，7月上旬成虫羽化。

防治方法 （1）灯光诱杀成虫。（2）冬春季人工摘除茧壳、卵块。（3）利用赤眼蜂杀灭卵。

角斑台毒蛾

学名 *Teia gonostigma*（Linnaeus），属鳞翅目、毒蛾科。别名：赤纹毒蛾、杨白纹毒蛾、梨叶毒蛾、囊尾毒蛾、核桃古毒蛾。分布于黑龙江、吉林、辽宁、山西、河北、河南、甘肃。

寄主 草莓、苹果、梨、桃、杏、李、梅、樱桃、山楂、柿、核桃、花楸、榛、桑、栎、杨、柳等。

为害特点 幼虫食芽、叶和果实。初孵幼虫群集叶背取食叶肉，残留上表皮；2龄后开始分散活动为害，为害芽多从芽基部蛀食成孔洞，致芽枯死；嫩叶常被食光，仅留叶柄；成虫食叶成缺刻和孔洞，严重时仅留粗脉；果实常被食成不规则的凹斑和孔洞，幼果被害常脱落。

形态特征 成虫雌雄异型：雌蛾体长17mm，长椭圆形，无翅，体上有灰和黄白色绒毛。雄蛾体灰褐色，体长15mm，前翅红褐色，翅展30mm，翅顶角处生1黄色斑，后缘角有新月形白色斑1个。

生活习性 东北年生1代，河北、山西、河南、甘肃年生2代。均以2～3龄幼虫于皮缝中、粗翘皮下及干基部附近

角斑台毒蛾雄成虫

角斑台毒蛾雌成虫

角斑台毒蛾幼虫

的落叶等被覆物下越冬。一代区：越冬幼虫5月间出蛰取食为害，6月底老熟吐丝缀叶或于枝杈及皮缝等处结茧化蛹。蛹期6～8天。7月上旬开始羽化，雄蛾白天活动，雌蛾多于茧上栖息，雄蛾飞来交配。卵多产于茧的表面，分层排列成不规则的块状，上覆雌蛾腹末的鳞毛。每雌产卵150～240粒。卵期14～20天。孵化后分散为害，蜕2次皮后陆续潜伏越冬。二代区：4月上、中旬寄主发芽时开始出蛰活动为害，5月中旬开始化蛹，蛹期15天左右，越冬代成虫6～7月发生，每雌产卵170～450粒。卵期10～13天。第一代幼虫6月下旬开始发生，第一代成虫8月中旬至9月中旬发生。第二代幼虫8月下旬开始发生，为害至2～3龄便潜入越冬场所越冬。一般从9月中旬前后开始陆续进入越冬状态。其天敌主要有姬蜂、小茧蜂、细蜂、寄生蝇。

防治方法 （1）冬期清除落叶、刮除粗皮、堵塞树洞等以消灭越冬幼虫。（2）成虫发生期发现卵块及时摘除。（3）幼虫大发生时喷洒25%灭幼脲悬浮剂1500倍液或20%高·氯·马乳油1000倍液。

小白纹毒蛾

学名 *Notolophus australis posticus* Walker，属鳞翅目、毒蛾科。别名：毛毛虫、刺毛虫、棉古毒蛾等。分布于江西、福建、广西、四川、广东、云南、台湾等地。

寄主 草莓、桃、葡萄、柑橘、梨、芒果等70多种作物。

为害特点 初孵幼虫群集在叶上为害，后逐渐分散，取食花蕊及叶片。叶片被食成缺刻或孔洞。

形态特征 成虫：雄体长约24mm，呈黄褐色，前翅具暗色条纹；雌虫翅退化，全体黄白色，呈长椭圆形，体长约14mm。幼虫：体长22～30mm。头部红褐色，体部淡赤黄色，全身多处长有毛块，且头端两侧各具长毛1束，胸部两侧各有黄白毛束1对，尾端背侧亦生长毛1束。腹部背侧具忌避腺。

小白纹毒蛾幼虫

生活习性 台湾年生8～9代，3～5月发生多。成虫羽化后因不善飞行，交尾后卵产在茧上，雌蛾常攀附在茧上，等待雄蛾飞来交尾，卵块状，卵块上常覆有雌蛾体毛。初孵幼虫有群栖性，虫龄长大后开始分散，有时可见10余头幼虫聚在一起，老熟幼虫在叶或枝间吐丝作茧化蛹，茧上常覆有幼虫体毛，雄虫茧常小于雌虫。

防治方法 3龄前喷洒10%吡虫啉可湿性粉剂1500倍液或25%灭幼脲悬浮剂1000倍液、40%毒死蜱乳油1500倍液、40%辛硫磷乳油1000～1500倍液。

丽毒蛾

学名 *Calliteara pudibunda*（Linnaeus），异名*Dasychira pudibunda* Linnaeus，属鳞翅目、毒蛾科。别名：苹毒蛾、苹红尾毒蛾、纵纹毒蛾。分布：河北、山西、黑龙江、吉林、辽宁、山东、河南、陕西等地。

寄主 草莓、枇杷、山楂、苹果、梨、樱桃、蔷薇、李、杏、桃、鸡爪槭等。

丽毒蛾雌成虫（放大）

为害特点 幼虫食叶成缺刻或孔洞，食量大。老熟幼虫将叶卷起结茧。1987～1988年江苏、浙江、河南、安徽等地大发生，局部地区受害重。

形态特征 雄蛾翅展35～45mm，雌蛾45～60mm。头、胸部灰褐色。触角干灰白色，栉齿黄棕色；下唇须白灰色，外侧黑褐色；复眼四周黑色；体下面及足白黄色，胫节、跗节上有黑斑。腹部灰白色。雄蛾前翅灰白色，有黑色及褐色鳞片，内区灰白色明显，中区色较暗，亚基线黑色略带波浪形，内横线具黑色宽带，横脉纹灰褐色有黑边，外横线黑色双线大波浪形，缘线具一列黑褐色点，缘毛灰白色，有黑褐色斑；后翅白色带黑褐色鳞片和毛，横脉纹、外横线黑褐色，缘毛灰白色。末龄幼虫：体长52mm左右，体绿黄色或黄褐色。1～4腹节间绒黑色，每节前缘赭色；5～7腹节间微黑色；亚背线在5～8腹节为间断的黑带；体腹面黑灰色，中央生1条绿黄色带，带上有斑点；体被黄色长毛。前胸背面两侧各具1束向前伸的黄色毛束；第1、第4腹节背面各具1毛刷，赭黄色，四周生白毛；第8腹节背面有1束向后斜的棕黄色至紫红色毛。头、胸足黄色，跗节上有长毛。腹足黄色，基部黑色，外侧有长毛，气门灰白色。

生活习性 东北年生1代，个别2代，以幼虫越冬。长江下游地区年生3代，以蛹越冬。翌年4月下旬羽化，1代幼虫出现在5月～6月上旬，2代幼虫发生在6月下旬～8月上旬，3代发生在8月中旬～11月中旬，越冬代蛹期约6个月。成虫羽化后当晚即交配产卵，每卵块20～300粒，1～2代多产卵在叶片上，越冬代喜产在树干上。幼虫历期25～50天。其天敌主要有舞毒蛾黑瘤姬蜂、蚂蚁、食虫蝽类等。

防治方法 （1）注意消灭越冬虫源。（2）虫口数量大时喷洒90%敌百虫可溶性粉剂800倍液。（3）提倡喷洒25%灭幼脲悬浮剂1000倍液。

肾毒蛾

学名 *Cifuna locuples* Walker，属鳞翅目、毒蛾科。别名：大豆毒蛾、豆毒蛾。分布在黑龙江、吉林、辽宁、内蒙古、山西、河北、河南、山东、安徽、江苏、上海、浙江、江西、福建、台湾、湖南、湖北、广东、广西、贵州、四川、云南、西藏。

肾毒蛾成虫

寄主　草莓、苹果、山楂、柿、樱桃、海棠、大豆、观赏植物等。

为害特点　幼虫啃食寄主植物叶片，严重时将叶片吃光，仅剩叶脉。

形态特征　成虫：雄蛾翅展34～40mm，雌蛾45～50mm。触角干褐黄色，栉齿褐色；下唇须、头、胸和足深黄褐色；腹部褐色；后胸和第2、第3腹节背面各有一黑色短毛束；前翅内区前半褐色，布白色鳞片，后半黄褐色，内线为一褐色宽带，内侧衬白色细线，横脉纹肾形，褐黄色，深褐色边，外线深褐色，微向外弯曲，中区前半褐黄色，后半褐色布白鳞，亚端线深褐色，外线与亚端线间黄褐色，前端色浅，端线深褐色衬白色，在臀角处内突，缘毛深褐色与褐黄色相间；后翅淡黄色带褐色；前、后翅反面黄褐色；横脉纹、外线、亚端线和缘毛黑褐色。雌蛾比雄蛾色暗。幼虫：体长40mm左右，头部黑褐色、有光泽、上具褐色次生刚毛，体黑褐色，亚背线和气门下线为橙褐色间断的线。前胸背板黑色，有黑色毛；前胸背面两侧各有一黑色大瘤，上生向前伸的长毛束，其余各瘤褐色，上生白褐色毛，Ⅱ瘤上并有白色羽状毛（除前胸及第1～4腹节外）。第1～4腹节背面有暗黄褐色短毛刷，第8腹节背面有黑褐色毛束；胸足黑褐色，每节上方白色，跗节有褐色长毛；腹足暗褐色。

生活习性　长江流域年生3代，贵州湄潭2代，均以幼虫在中下部叶片背面越冬，翌年4月开始为害。贵州一代成虫于5月中旬～6月下旬发生，第二代于8月上旬～9月中旬发生。卵期11天，幼虫期35天左右，蛹期10～13天。卵多产于叶背。初孵幼虫集中在叶背取食叶肉。成长幼虫分散为害，食叶成缺刻或孔洞。严重时仅留主脉。老熟幼虫在叶背结丝茧化蛹。

防治方法 （1）清除在叶片背面的越冬幼虫，减少虫源。（2）掌握在各代幼虫分散为害之前，及时摘除群集为害虫叶，清除低龄幼虫。（3）必要时喷洒90%敌百虫可溶性粉剂800倍液或80%敌敌畏乳油1000倍液，每667m² 喷对好的药液75L。（4）提倡喷洒10%苏云金杆菌可湿性粉剂800倍液。

棉双斜卷蛾

学名 *Clepsis pallidana*（Fabricius），属鳞翅目、卷蛾科。分布于东北、华北、华东、中南、西南。

寄主 草莓、大豆、苜蓿、洋麻、大麻、韭花、棉花。

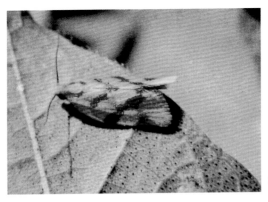

棉双斜卷蛾成虫

为害特点 幼虫吐丝卷缀顶梢嫩叶成筒状，隐蔽在筒中为害。咬断花蕾、果梗及叶片。也可食害幼果。嫩叶展开后食叶成缺刻或孔洞，将幼果吃成洞孔或废果，严重时食毁幼嫩花穗梗。

形态特征 成虫：体长7mm，翅展15～21mm，下唇须前伸，末节下垂。前翅浅黄色至金黄色，具金属光泽。雄蛾具前缘褶，翅面上有2条红褐色斜斑，一条不明显，从前缘1/4处通向后缘的1/2处；另一条明显，从前缘的1/2通向臀角，顶角的端纹延伸至外缘。雄蛾后翅浅褐色，雌蛾黄白色。幼虫：体长15～19mm，浅绿色，头黄褐色，背线浅绿色，每节具2个不十分明显的小点。

生活习性 江苏年生4代，可能以幼虫和蛹越冬。翌年3月下旬成虫出现，4月中旬幼虫孵化后居草莓嫩心之间，缀疏丝、连成松散虫苞。5月中旬至6月中旬2代幼虫盛发，以后各代重叠。在吉林蛟河一带幼虫于6月上旬至7月上旬为害，6月中旬是为害盛期，6月中、下旬幼虫进入末龄，并开始化蛹，6月底至8月初成虫羽化，幼虫有转株为害特点，幼虫一生要转苞1～3次，为害2～3株草莓，破坏性较大，沿海地区受害重。其天敌有茧蜂。

防治方法 （1）结合田间管理捏杀卷叶中的幼虫。（2）保护利用天敌。（3）幼虫发生初期开始喷洒50%杀螟硫磷乳油1000倍液或40%辛硫磷乳油1000倍液。

款冬螟

学名 *Ostrinia zealis varialis* Breme，属鳞翅目、螟蛾科。成虫：雌蛾体长14ml，翅展30ml，浅黄色，横贯前后翅距外缘约1/3处，生1条褐色弯曲波状横纹，前翅距内缘约1/3处，也有1条褐色曲纹，展翅时前后翅波纹连成1线，与玉米螟雌蛾极相似，放在一起很难区别。

防治方法 （1）对已钻入树莓茎秆的幼虫，用棉球蘸80%敌敌畏乳油1000倍液堵住洞口，熏蒸幼虫。（2）用频振式杀虫灯诱杀成虫，树莓园四周每隔100m放1盏灯，从款冬螟羽化期开始，6月上旬～7月上旬，开灯期1个月，天黑开灯，开亮关灯效果好。（3）产卵盛期前和盛期释放赤眼蜂1～2次，

放蜂量1.5万头，分2次释放。当越冬代化螟率达20%时，后推10天（6月下旬），是第一次放蜂适期，隔5～7天后再放1次，每公顷放2个点。把撕好的蜂卡缝在树莓叶片中部叶背面。(4)产卵期后，人工摘除卵块，减少发生基数。

棉褐带卷蛾

学名 *Adoxophyes orana orana* Fischer von R.slerstamm，属鳞翅目、卷叶蛾科。又称苹果小卷蛾。分布：除西北、云南、西藏外，全国均有分布。

寄主 草莓、黑莓、越橘、荔枝、苹果、梨、山楂、桃、李、杏、樱桃、柑橘、丁香、棉等。

为害特点 幼虫为害草莓、黑莓、荔枝等嫩头、嫩叶、蕾花及嫩花序，咬断嫩枝梗等，损失较重。

形态特征 成虫：体长6～8mm，翅展13～25mm，棕黄色至黄褐色，基斑、中带、端纹褐色，中带从前缘的1/2处开始斜至后缘的2/3处，在翅中部有一分支伸向臀角，成"h"形。端纹多呈"Y"形斜伸至外缘中部。雄虫前缘褶明显。末龄幼虫：体长13～18mm，头小，浅黄色，体细长，翠绿色。

棉褐带卷蛾雄幼虫

棉褐带卷蛾雄成虫
（放大）

【生活习性】 辽宁、华北年生3代，黄河故道年生4代，以2龄幼虫于10月潜伏在树缝翘皮下结白茧越冬。江苏年生4～5代，湖北5代，浙江5～6代，以老熟幼虫在枯枝落叶中越冬。翌年草莓发芽至开花期开始出蛰，为害芽、花蕾及嫩叶。幼虫有吐丝缀连花蕾及卷叶习性，老熟后在卷叶中化蛹。成虫喜把卵产于叶背；叶背毛多的品种则产在叶面。卵期6～8天。成虫有趋光性，对糖酒醋具趋化性。

【防治方法】 （1）捏杀虫苞中的幼虫。（2）用性外激素A和B（7∶3）配成性诱剂诱杀成虫。（3）释放松毛虫赤眼蜂、甲腹茧蜂。于卵和幼虫发生期放蜂，每世代放蜂3～4次，间隔5天，辽南第1次放蜂时间为6月15日、山东为6月5日，每次放蜂量不低于2万头，总放蜂量7万～8万头。（4）越冬幼虫出蛰盛期和第1代卵孵化盛期是用药的关键时期，可喷洒45%马拉硫磷乳油1000倍液24%氰氟虫腙悬浮剂1000倍液。

斜纹夜蛾

学名 *Spodoptera litura*（Fabricius），属鳞翅目、夜蛾科。别名：莲纹夜蛾、莲纹夜盗蛾。异名*Prodenia litura*（Fabricius）。分布在全国各地。

寄主 草莓、柑橘、葡萄、苹果、梨等果树，以及粮经作物、各类蔬菜等99科290余种植物。

斜纹夜蛾成虫

斜纹夜蛾幼虫

为害特点 幼虫食叶、花蕾、花及果实，初时叶肉残留上表皮和叶脉，严重时可将叶片吃光，落花、落蕾，花朵不能开放，并由于幼虫排泄粪便，造成污染和腐烂。

形态特征 成虫：体长 14 ～ 20mm，翅展 35 ～ 40mm，头、胸、腹均深褐色，胸部背面有白色丛毛，腹部前数节背面中央具暗褐色丛毛。前翅灰褐色，斑纹复杂，内横线及外横线灰白色，波浪形，中间有白色条纹，在环状纹与肾状纹间，自前缘向后缘外方有3条白色斜线，故名斜纹夜蛾。后翅白色，无斑纹。前后翅常有水红色至紫红色闪光。老熟幼虫：体长 35 ～ 47mm，头部黑褐色，胴部体色因寄主和虫口密度不同而异：土黄色、青黄色、灰褐色或暗绿色，背线、亚背线及气门下线均为灰黄色及橙黄色。从中胸至第9腹节在亚背线内侧有三角形黑斑1对，其中以第1、第7、第8腹节的最大。

生活习性 在我国华北地区年生4 ～ 5代，长江流域5 ～ 6代，福建6 ～ 9代，在两广、福建、台湾可终年繁殖，无越冬现象；在长江流域以北的地区，越冬问题尚无结论，推测春季虫源有从南方迁飞而来的可能性。长江流域多在7 ～ 8月大发生，黄河流域多在8 ～ 9月大发生。成虫夜间活动，飞翔力强，一次可飞数十米远，高达10m以上，成虫有趋光性，并对糖醋酒液及发酵的胡萝卜、麦芽、豆饼、牛粪等有趋性。成虫需补充营养，取食糖蜜的平均产卵577.4粒，未能取食者只能产数粒。卵多产于高大、茂密、浓绿的边际作物上，以植株中部叶片背面叶脉分叉处最多。卵发育历期，22℃约7天，28℃约2.5天。初孵幼虫群集取食，3龄前仅食叶肉，残留上表皮及叶脉，呈白纱状后转黄，易于识别。4龄后进入暴食期，多在傍晚出来为害。幼虫共6龄，发育历期21℃约27天，26℃约17天，30℃约12.5天。老熟幼虫在1 ～ 3cm表土内筑土室化蛹，土壤板结时可在枯叶下化蛹。蛹发育历期，

28～30℃约9天，23～27℃约13天。斜纹夜蛾的发育适温较高（29～30℃），因此各地严重为害时期皆在7～10月。

防治方法 （1）各代产卵期查卵，发现卵块或2龄前幼虫及时摘除有虫叶，集中烧毁。（2）设置杀虫灯诱杀成虫有效。（3）提倡喷洒10亿PIB/mL苜蓿银纹夜蛾核型多角体病毒800倍液，48h后可控制其为害。（4）应急时也可在3龄前喷洒5%氯虫苯甲酰胺悬浮剂1000倍液或24%氰氟虫腙悬浮剂1000倍液、5%氟虫脲乳油2200倍液。

草莓粉虱

学名 *Trialeurodes packardi* Morrill，属同翅目、粉虱科。
寄主 草莓。

草莓粉虱在叶背为害

防治方法 目前我国草莓上的粉虱，尚未见报道，生产上防治时，可喷洒22.4%螺虫乙酯悬浮剂4000倍液。

点蜂缘蝽

学名 *Riptortus pedestris*（Fabricius），属半翅目、缘蝽

点蜂缘蝽若虫在叶片上晒太阳

科。别名：棒蜂缘蝽、细蜂缘蝽。分布：河北、河南、江苏、浙江、安徽、江西、湖北、四川、福建、云南、西藏。

寄主 草莓、苹果、山楂、葡萄、柑橘和大豆、蚕豆、豇豆、豌豆、丝瓜、白菜等蔬菜及稻、麦、棉等作物。

为害特点 成虫和若虫刺吸汁液，在开始结实时，往往群集为害，致使蕾、花凋落，严重时全株枯死。

形态特征 成虫：体长15～17mm，宽3.6～4.5mm，狭长，黄褐至黑褐色，被白色细绒毛。头在复眼前部成三角形，后部细缩如颈。触角第1节长于第2节，第1～3节端部稍膨大，基半部色淡，第4节基部距1/4处色淡。喙伸达中足基节间。头、胸部两侧的黄色光滑斑纹成点斑状或消失。前胸背板及胸侧板具许多不规则的黑色颗粒，前胸背板前叶向前倾斜，前缘具领片，后缘有2个弯曲，侧角成刺状。小盾片三角形。前翅膜片淡棕褐色，稍长于腹末。腹部侧接缘稍外露，黄黑相间。足与体同色，胫节中段色淡，后足腿节粗大，有黄斑，腹面具4个较长的刺和几个小齿，基部内侧无突起，后足胫节向背面弯曲。腹下散生许多不规则的小黑点。若虫：1～4龄体似蚂蚁，5龄体似成虫仅翅较短。

生活习性 在江西南昌一年发生3代，以成虫在枯枝落叶和草莓丛中越冬。翌年3月下旬开始活动，4月下旬把卵产在草莓叶背、嫩茎和叶柄上。每雌产卵21～49粒。第一代若虫于5月上旬至6月中旬孵化，6月上旬至7月上旬羽化为成虫，6月中旬至8月中旬产卵。第二代若虫于6月中旬末至8月下旬孵化，7月中旬至9月中旬羽化为成虫，8月上旬至10月下旬产卵。第三代若虫于8月上旬末至11月初孵化，9月上旬至11月中旬羽化为成虫，并于10月下旬以后陆续越冬。成虫和若虫极活跃，早、晚温度低时稍迟钝。常群集刺吸草莓汁液，成虫须吸食草莓蕾、花等生殖器官汁液后，才能正常发育、繁殖。

防治方法 （1）清洁田园，减少越冬虫源。（2）虫量大时喷洒90%敌百虫可溶性粉剂900倍液或20%高氯·马乳油1000倍液。

大蓑蛾

学名 *Cryptothelea variegata* Snellen，异名 *Clania variegata* Snellen，属鳞翅目、蓑蛾科。别名：大袋蛾、大背袋虫。分布：山东、河南、安徽、江苏、浙江、江西、福建、湖南、湖北、台湾、四川、云南、贵州、广东、广西。

寄主 草莓、柑橘、梅、樱桃、柿、核桃、栗、苹果、

草莓上的大蓑蛾蓑囊

咖啡、枇杷、梨、桃、法国梧桐等。

为害特点 幼虫在蓑囊中咬食叶片、嫩梢及果实皮层，3龄后咬成孔洞或缺刻。

防治方法 人工摘除，也可在幼虫为害期喷洒20%氰·辛乳油1200倍液。

黄翅三节叶蜂

学名 *Arge suspicax* Konow，属膜翅目、三节叶蜂科。分布在东北、华北、山东、江苏。

寄主 草莓。

为害特点 幼虫在叶面上栖息和取食，沿叶缘把叶片吃成缺刻，残留叶脉。

形态特征 成虫：体长7～10mm，翅展13.8～20.5mm，雄虫略小，头部蓝色具金属光泽。触角3节黑色，第3节由鞭节融合为一长节，长相当于头、胸长之和，胸部和背板及各足胫节蓝黑色，具金属光泽，前、后翅膜质半透明，烟黄褐色，外侧偏灰色，内半侧偏黄色。前翅前缘横脉有1径室及3肘室，有室顶脉，翅脉褐色，端半部褐黑色，翅痣深棕黑色，后翅具室顶脉和2个闭锁的中室，胸部黄褐色。雌蜂外生殖器蓝黑色，

黄翅三节叶蜂幼虫为
害草莓叶片

腹末端超过翅长外露。幼虫：体长18～20mm，头宽2mm，似鳞翅目幼虫，体绿或青绿色，半透明，头浅褐色具光泽，口器暗棕色，眼区系1黑斑，眼在其中。体表有黑毛片和肉瘤，胸部、腹部背面每节具毛片6个，第1胸节后4个大且近，每节侧面有2个大毛片、2个小毛片，亚背线花粉黄色，气门筛黄白色，围气门片褐黑色，胸足黄绿色，跗节粉色。

生活习性 江苏年生3代，以蛹越冬。翌年3月底开始羽化，4月幼虫开始为害，幼虫行动迟缓，6月中旬化蛹，蛹期11～13天，末代幼虫于10～11月间结茧化蛹越冬。其天敌有一种姬蜂和一种寄蝇。

防治方法 （1）结合田间管理，人工捕杀幼虫。（2）保护利用天敌昆虫。（3）药剂防治参见花弄蝶。

大造桥虫

为害特点 大造桥虫是草莓的重要食叶害虫，河北、江苏从5～10月均有发生，以6～9月受害重，成长幼虫1天可食去1～3张单叶，大发生时可将全田叶片吃光。

防治方法 为害初期喷洒24%氰氟虫腙900倍液。

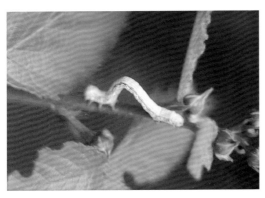

大造桥虫幼虫为害草莓

梨剑纹夜蛾

为害特点 幼虫主要为害草莓、树莓、苹果、梨等叶片，在草莓田，5～6龄暴食期，每只幼虫每天食毁1～3个叶片，幼虫尤喜食花蕾、花、花枝、果梗及嫩果，损失很大。有关内容参见梨树害虫——梨剑纹夜蛾。

防治方法 （1）根据受害状，及时清除初孵幼虫团。（2）必要时喷洒90%敌百虫可溶性粉剂1000倍液。

梨剑纹夜蛾幼虫

梨剑纹夜蛾成虫

红棕灰夜蛾

[为害特点] 红棕灰夜蛾又称桑夜蛾。幼虫为害草莓的嫩头、嫩叶、花蕾、花及浆果，1～2龄幼虫群集在叶背剥食叶肉或钻入花蕾中取食，3龄后分散，白天栖息在叶背，进入5～6龄时，每天吃掉1～2片单叶或食毁嫩头、花蕾、幼果多个。有关内容参见枸杞害虫——红棕灰夜蛾。

红棕灰夜蛾幼虫

[防治方法]（1）开展该虫预测预报，春季发蛾多时要保护蕾花期的草莓免受危害。（2）注意结合摘除老叶，捕杀幼虫。（3）必要时喷洒9%高氯氟氰·噻乳油1500倍液或50%敌敌畏乳油1000倍液。

丽木冬夜蛾

[学名] *Xylena formosa* Butler，属鳞翅目、夜蛾科。别名：台湾木冬夜蛾。分布于江苏等地。

[寄主] 草莓、黑莓、牛蒡、豌豆、烟草等。

[为害特点] 初孵幼虫专食嫩头、嫩心，咬断嫩梢，迟发的幼虫直接为害嫩蕾，虫口密度大时，每头幼虫每天毁掉数个嫩头。

丽木冬夜蛾幼虫

形态特征 成虫：体长25mm，翅展54～58mm，头部和颈板浅黄色，额和下唇须红褐色，后者外侧具黑条纹，颈板近端部具赤褐色弧形纹。胸部棕褐色。腹部褐色。前翅浅褐灰色，翅脉暗褐色，基线双线棕黑色，内线双线黑棕色，波曲外斜，环纹大，黑边，内有黑斑3个，中线黑棕色，肾纹大，灰黑色，外线波浪形双线，翅脉上色深，亚缘线内侧衬有黑棕色细波纹，缘线双线黑色，内1线呈新月形黑色点。后翅灰黄褐色。足红褐色。胸下和腿具长毛，前足胫节具大刺。幼虫：黄褐色，各龄幼虫变异很大，3龄时体细长，青绿色，头绿色，进入3龄后期，头、体增至数倍，体绒绿色，背管青绿色，各体节肥大，节间膜缢缩，4龄体呈方形，两侧具黄白色边，背线双线黑褐色，亚背线色浅具棕色边，各节背面向两侧有黑褐色影状斜纹，气门线白色，上侧衬黑褐色，气门长椭圆形，气门筛橘红色，围气门片黑褐色，胸足红褐色。

生活习性 江苏年生1代，以完全成长的成虫在土下的蛹内越冬。翌年3～4月间羽化出土。幼虫于4月下旬始见，5～6月进入末龄，入土后吐丝结茧越夏，9～10月间才化蛹。其天敌有蜘蛛和鸟类。

防治方法 （1）注意保护和利用天敌，必要时释放螳螂卵以虫治虫。（2）低龄幼虫期喷洒24%氰氟虫腙悬浮剂900倍液。

桃蚜

学名 *Myzus persicae*（Sulzer），属同翅目、蚜科。别名：烟蚜、菜蚜、桃赤蚜、波斯蚜。分布：全国各地各草莓产区均有发生。

寄主 草莓、桃、李、杏、梅、苹果、梨、山楂、樱桃、柑橘、柿等300余种植物。

为害特点 桃蚜在草莓蕾花期大量迁入草莓园，成、若虫群集芽、叶、嫩梢上刺吸汁液，被害叶向背面不规则地卷曲皱缩，排泄蜜露诱致煤病发生或传播病毒病。

防治方法 为害初期每667m² 喷洒50%氟啶虫胺腈水分散粒剂2.3g，持效14天，低毒高效。提倡喷施阿立卡每桶水对15～20mL，或锐胜每桶水用药10g高效。

桃蚜绿色型

草莓根蚜

学名 *Aphis forbesi* Weed，属同翅目、蚜科。分布于部分草莓栽植区。

寄主 草莓。

草莓根蚜为害根部

为害特点 草莓根蚜群集在草莓根颈处的心叶及茎部吸取汁液，致草莓生长不良，新叶生长受抑，严重的整株枯死。

形态特征 无翅胎生雌蚜：体长约1.5mm，体肥大腹部略扁，全体青绿色。若虫：体略带黄色，形似成蚜。卵：长椭圆形，黑色。

生活习性 温暖地区以无翅胎生雌蚜越冬，寒冷地区则以卵越冬，翌春越冬卵孵化，在植株上繁殖为害。无翅胎生雌蚜又把卵产在叶柄的毛中，5～6月进入繁殖为害盛期。

防治方法 （1）严格检疫，防止该虫扩大。（2）5～6月间，根蚜在叶、花蕾上为害时，喷洒9%高氯氟氰·噻乳油1500倍液或25%吡蚜酮可湿性粉剂2500倍液。

截形叶螨

学名 *Tetranychus truncatus* Ehara，属真螨目、叶螨科。别名：棉红蜘蛛、棉叶螨。异名 *Tetranychus telarius*，分布在全国各地。

寄主 草莓、枣、桑树、刺槐、榆树、棉花、玉米、薯类、豆类、瓜类、茄子等。

为害特点 成、若螨群聚叶背吸取汁液，使叶片呈灰白

截形叶螨成螨和卵

色或枯黄色细斑，严重时叶片干枯脱落，影响生长，是草莓上的猖獗性害虫。

形态特征 雌成螨：体长0.55mm，宽0.3mm。体椭圆形，深红色，足及颚体白色，体侧具黑斑。须肢端感器柱形，长约为宽的2倍，背感器约与端感器等长。气门沟末端呈"U"形弯曲。各足爪间突裂开为3对针状毛，无背刺毛。雄成螨：体长0.35mm，体宽0.2mm；阳具柄部宽大，末端向背面弯曲形成一微小端锤，背缘平截状，末端1/3处具一凹陷，端锤内角钝圆，外角尖削。

生活习性 年生10～20代。华北地区以雌螨在土缝中或枯枝落叶上越冬；华中地区以各虫态在多种杂草上或树皮缝中越冬；华南地区由于冬季气温高继续繁殖为害。翌年早春气温高于10℃，越冬成螨开始大量繁殖，有的于4月中、下旬至5月上、中旬迁入为害，先是点片发生，后向周围扩散。在植株上先为害下部叶片，后向上蔓延，繁殖数量多及大发生时，常在叶或茎、枝的端部群聚成团，滚落地面被风刮走扩散蔓延。为害枣树者多在6月中、下旬至7月上树，气温29～31℃、相对湿度35%～55%适宜其繁殖，一般6～8月为害重，相对湿度高于70%繁殖受抑。其天敌主要有腾岛螨和巨须螨2种，应注意保护利用。

防治方法 参见朱砂叶螨。

朱砂叶螨

学名 *Tetranychus cinnabarinus*（Boisduval），属真螨目、叶螨科。别名：棉红蜘蛛、棉叶螨、红叶螨。异名 *Tetranychus telarius*。分布在全国各地。

寄主 草莓、枸杞、枣、柑橘、梅、棉、人参果等多种植物。

为害特点 若螨、成螨群聚于叶背吸取汁液，使叶片呈灰白色或枯黄色细斑，严重时叶片干枯脱落，并在叶上吐丝结网，严重的影响植物生长发育，是草莓上的猖獗性害虫。

形态特征 成螨：雌螨体长0.48mm，宽0.32mm，体形椭圆，深红色或锈红色，体背两侧各有一对黑斑。须肢端感器长约2倍于宽，背感器梭形，与端感器近等长。口针鞘前端钝圆，中央无凹陷，气门沟末端呈U形弯曲，后半体背表皮纹构成菱形图，肤纹突呈三角形至半圆形。背毛12对，刚毛状；缺臀毛。腹面有腹毛16对，气门沟不分支，顶端向后内方弯曲

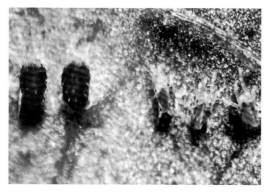

朱砂叶螨雌成螨（左）
和雄成螨（程立生）

成膝状。雄螨背面观略呈菱形，比雌螨小，体长0.37mm，宽0.19mm；体色淡黄色，须肢跗节的端感器细长，背感器稍短于端感器，刺状毛比锤突长。背毛13对，阳具的端锤很微小，两侧的突起尖利，长度约相等。幼螨：有3对足。若螨：4对足与成螨相似。

生活习性 年生10～20代（由北向南渐增），越冬虫态及场所随地区不同而不同，在华北地区以雌成螨在杂草、枯枝落叶及土缝中越冬；在华中地区以各种虫态在杂草及树皮缝中越冬；在四川以雌成螨在杂草上越冬。翌春气温达10℃以上，即开始大量繁殖。3～4月先在杂草或其他寄主上取食，寄主植物发芽后陆续向上迁移，每雌产卵50～110粒，多产于叶背。卵期2～13天。幼螨和若螨发育历期5～11天，成螨寿命19～29天。可孤雌生殖，其后代多为雄性。幼螨和前期若螨不甚活动。后期若螨则活泼贪食，有向上爬的习性。先为害下部叶片，而后向上蔓延。繁殖数量过多时，常在叶端群集成团，滚落地面，被风刮走，向四周爬行扩散。朱砂叶螨发育起点温度为7.7～8.8℃，最适温度为25～30℃，最适相对湿度为35%～55%，因此高温低湿的6～7月为害重，尤其干旱年份易于大发生。但温度达30℃以上和相对湿度超过70%时，不利其繁殖，暴雨有抑制作用。其天敌有30多种。

防治方法 （1）加强管理。铲除田边杂草，清除残株败叶。（2）此螨天敌有30多种，应注意保护，发挥天敌的自然控制作用。（3）药剂防治。点片发生时喷洒43%联苯肼酯悬浮剂3000倍液，或24%或240g/L螺螨酯悬浮剂3000倍液，或20%哒螨灵可湿性粉剂或悬浮剂2000倍液、1.8%阿维菌素乳油800倍液、22%阿维·哒螨灵乳油4000倍液。

二斑叶螨

学名 *Tetranychus urticae* Koch，属真螨目、叶螨科。别名：二点叶螨、棉叶螨、棉红蜘蛛、普通叶螨。分布在全国各地。

寄主 草莓、桃、苹果、梨、柑橘、无花果、杏、李、樱桃、葡萄、棉、豆类及高粱、玉米等。

为害特点 成、若螨栖息于叶背为害叶片，初受害时现灰白色小点，后叶面结橘黄色至白色网，结网速度快，为害严重时叶焦枯，状似火烧状，甚至叶脱落，严重地影响草莓生长。本种常与朱砂叶螨混生，是草莓和梨、苹果生产上的猖獗性害虫。

形态特征 成螨：体色多变，有浓绿、褐绿、黑褐、橙红等色，一般常带红色或锈红色。体背两侧各具1块暗红色长斑，有时斑中部色淡分成前后两块。体背有刚毛26根，排成6横排。足4对。雌体长0.42～0.59mm，椭圆形，多为深红色，也有黄棕色的；越冬型橙黄色，较夏型肥大。雄体长0.26mm，近卵圆形，前端近圆形，腹末较尖，多呈鲜红色。幼螨：初孵时近圆形，体长0.15mm，无色透明，取食后变暗绿色，眼

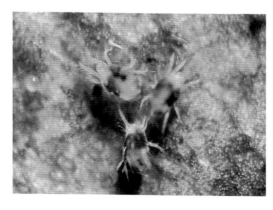

二斑叶螨雄成螨（左）
和雌成螨（程立生摄）

红色，足3对。若螨：前期若螨体长0.21mm，近卵圆形，足4对，色变深，体背出现色斑。后期若螨体长0.36mm，黄褐色，与成虫相似。雄性前期若虫脱皮后即为雄成虫。

生活习性 南方年生20代以上，北方12～15代。北方以雌成虫在土缝、枯枝落叶下或旋花、夏枯草等宿根性杂草的根际等处吐丝结网潜伏越冬。2月均温达5～6℃时，越冬雌虫开始活动，3月均温达6～7℃时开始产卵繁殖。卵期10余天。成虫开始产卵至第1代若螨孵化盛期需20～30天。以后世代重叠。随气温升高繁殖加快，在23℃时完成1代需13天；26℃需8～9天；30℃以上需6～7天。越冬雌螨出蛰后多集中在早春寄主（主要宿根性杂草）上为害繁殖，待出苗后便转移为害。6月中旬～7月中旬是猖獗为害期。进入雨季虫口密度迅速下降，为害基本结束，如后期仍干旱可再度猖獗为害，至9月气温下降陆续向杂草上转移，10月陆续越冬。行两性生殖，不交尾也可产卵，未受精的卵孵出的均为雄螨。每雌可产卵50～110粒。喜群集叶背主脉附近并吐丝结网于网下为害，大发生或食料不足时常千余头群集叶端成一团。有吐丝下垂借风力扩散传播的习性。高温、低湿适于发生。此外，草莓品种间叶背腺毛密度大的品种，常影响雌螨产卵和活动，叶组织中儿茶酚的含量及以儿茶酚类为主总酚的含量对二斑叶螨成活有较大影响，两者呈现负相关。抗性品种受叶螨为害以后酚类含量迅速升高，有利于产生诱导抗性，不适于螨类生存和繁殖。其天敌有中华草蛉、小花蝽、异色瓢虫、深点食螨瓢虫等。

防治方法 （1）选用对叶螨抗性高的草莓品种。（2）点片发生阶段及早喷洒43%联苯肼酯悬浮剂3000倍液或24%螺螨酯悬浮剂300倍液或5%唑螨酯悬浮剂2000倍液、10%四螨嗪可湿性粉剂800～1000倍液、5%噻螨酮乳油1000～1500倍液、25%甲氰·辛乳油1500倍液、15%阿维·辛乳油1000

倍液，采收前2周停用。22%阿维·哒螨灵乳油4000倍液，对成、若螨及卵均有杀灭作用。注意药剂交替轮换使用，防止产生抗药性。

黑腹果蝇

学名 *Drosophila melanogastir* Mcigen. 属双翅目果蝇科。是一种为害多种果树的腐食性害虫。

寄主 为害蓝莓、樱桃、葡萄、桃、李杏等。

为害特点 受害果面上产生针尖大小蛀孔，虫口处果肉凹陷、色深，幼虫在果内取食果肉，粪便排在果内造成果实腐烂。

形态特征 成虫体小，体长4～5mm，淡黄色，尾部黑色。

生活习性 一年发生10代，以蛹在土壤中、烂果内越冬。翌年3月开始活动，果蝇成虫把卵产在近成熟的蓝莓果皮下，卵孵化后以幼虫为害果实，随着幼虫的蛀食，果实逐渐软化、变褐、腐烂、脱落，该虫只为害近成熟及开始腐烂的蓝莓

黑腹果蝇

果实，成熟度越高，危害越重；1个蓝莓果实可同时遭多头果蝇为害，并在果皮上留有多个虫眼。

防治方法 （1）清洁田园。清除蓝莓园内及周边腐败的有机物和垃圾，同时对地面和周边荒草坡地喷50%灭蝇胺可湿性粉剂1500 ～ 3000倍液或20%氯虫苯甲酰胺悬浮剂5000倍液，以压低虫源基数。

（2）适时快采。避免田间蓝莓果实过熟，以减少果实对果蝇的引诱性，减轻危害。

（3）清除落地果。蓝莓果实成熟采收期间园内外的落果、烂果需清理干净，可避免果实上的果蝇生存繁殖后在园内为害。

（4）诱杀。利用果蝇成虫的趋化性，在蓝莓果实成熟前使用糖醋液诱杀成虫，用塑料瓶装好，每$667m^2$ 20瓶，悬挂于蓝莓园树冠荫蔽处，高度0.5 ～ 1.0m，并定期清除瓶内诱集的成虫，每周更换1次糖醋液。

短额负蝗

学名 *Atractomorpha sinensis* Bolivar，属直翅目、蝗总科、尖蝗科。分布在甘肃、青海、安徽、河北、山西、内蒙古、陕西、山东、江苏、浙江、湖北、湖南、福建、广东、广西、四川、重庆、河南、北京、沈阳、江西。

寄主 草莓、柿、柑橘、枸杞、花卉、蔬菜等多种植物。

为害特点 低龄若虫在叶正面剥食叶肉，留下表皮，高龄若虫和成虫把叶片吃成孔洞或缺刻似破布状，影响植物正常生长发育，降低商品价值。

形态特征 成虫：体长20 ～ 30mm，头至翅端长30 ～ 48mm。绿色或褐色（冬型）。头尖削，绿色型自复眼起向下斜

短额负蝗成虫

有一条粉红纹，与前、中胸背板两侧下缘的粉红纹衔接。体表有浅黄色瘤状突起；后翅基部红色，端部淡绿色；前翅长度超过后足腿节端部约1/3。若虫：共5龄，1龄若虫体长3～5mm，草绿稍带黄色，前、中足褐色，有棕色环若干，全身布满颗粒状突起；2龄若虫体色逐渐变绿，前、后翅芽可辨；3龄若虫前胸背板稍凹以至平直，翅芽肉眼可见，前、后翅芽未合拢，盖住后胸一半至全部；4龄若虫前胸背板后缘中央稍向后突出，后翅翅芽在外侧盖住前翅芽，开始合拢于背上；5龄若虫前胸背板向后方突出较大，形似成虫，翅芽增大到盖住腹部第三节或稍超过。

生活习性 我国东部地区发生居多。在华北一年发生1代，江西2代，以卵在沟边土中越冬。5月下旬至6月中旬为孵化盛期，7～8月羽化为成虫。喜栖于地被多、湿度大、双子叶植物茂密的环境，在灌渠两侧发生多。

防治方法 （1）加强管理。短额负蝗发生严重的地区，在秋季、春季铲除田埂、地边5cm以上的土及杂草，把卵块暴露在地面晒干或冻死，也可重新加厚地埂，增加盖土厚度，使孵化后的蝗蝻不能出土。（2）在早春和7月份卵块孵化前或在测报基础上，抓住初孵蝗蝻在田埂、渠堰集中为害双子叶杂草，且扩散能力极弱时，每667m²喷撒敌马粉剂1.5～2kg，也可用20%氰戊菊酯乳油15mL，对水40kg喷雾。（3）保护利用麻雀、青蛙、大寄生蝇等天敌进行生物防治。

油葫芦

学名 *Teleogryllus mitratus* Burmeister，属直翅目、蟋蟀科。别名：黄褐油葫芦、褐蟋蟀等。异名*Gryllus testaceus* Walker。分布在黑龙江、辽宁、内蒙古、宁夏、甘肃、青海、新疆、陕西、山西、北京、河北、河南、山东、安徽、江苏、浙江、江西、福建、台湾、广西、湖南、湖北、重庆、四川等地。

寄主 草莓、梨、桃、苹果及各种果树苗木、农作物、蔬菜等。

为害特点 成、若虫将草莓、豆类或果树苗木的叶片吃成缺刻或孔洞，为害葡萄时，咬断叶柄、葡萄茎或短缩茎，也吃浆果。

形态特征 成虫：雄体长26～27mm，雌体长27～28mm；雌、雄体前翅长17mm。体大型、黄褐色，本种体色和特征与北京油葫芦相近，其特点为：体大，头顶不比前胸背板

油葫芦成虫

前缘隆起，背板前缘与两复眼相连接，"八"字形横纹微弱不明显。发音镜大、略成圆形，其前胸体大弧形，中胸腹板末端呈V字形缺刻。卵：长筒形，两端稍尖，乳白微黄色。若虫：共6龄，似成虫，无翅或具翅芽。

生活习性 中国北方年生1代，以卵在土中2～3cm处越冬。翌春4～5月间孵化，7～8月成虫盛发。成、若虫夜晚活动。9月下旬至10月上旬雌虫营土穴产卵，多产于河边、沟旁、田埂、坟地等杂草较多的向阳地段，深2～4cm。每雌产卵34～114粒。成虫寿命平均64天，长者达200余天，但产卵后1～8天即死。雄虫善鸣以诱雌虫，并善斗，常筑穴与雌虫同居。若虫、成虫平时好居暗处，夜间也扑向灯光。杂食性。

防治方法 （1）毒饵诱杀。先用60～70℃热水将90%敌百虫可溶性粉剂溶成30倍液（50g药对1.5kg热水），每kg溶好的药液拌入30～50kg炒香的麦麸或豆饼或棉籽饼，拌时要充分加水（为饵料重量的1～1.5倍），以用手一攥稍能出水为度，然后撒施于田间。（2）灯光诱杀成虫。（3）堆放杂草诱集，然后捕杀。（4）秋后或早春耕翻，将卵埋入深层使其不能孵化。（5）及时除草。（6）必要时地面喷施1.5%辛硫磷粉或2.5%敌百虫粉等。

花弄蝶

学名 *Pyrgus maculatus*（Bremer et Grey），属鳞翅目、弄蝶科。分布在北京、吉林、黑龙江、辽宁、河北、山东、山西、河南、陕西、四川、西藏、云南、江西、福建、内蒙古、青海等地。

花弄蝶成虫

寄主 绣线菊、草莓、醋栗、黑莓等。

为害特点 幼虫食叶成缺刻或孔洞，严重的仅残留叶柄，影响开花结实及苗子繁育。

形态特征 成虫：体长14～16mm，翅展28～32mm。体黑褐色，翅面有白斑。复眼黑褐色光滑。触角棒状，腹面黄至黄褐色，背面黑褐色，具黄色环；端部膨大处腹面黄至浅橘红色，背面棕色。胸、腹部背面黑色，颈片黄色，腹末端黄白色。前翅黑褐色，基部2/5内杂灰黄色鳞，中区至外区约具16个白至灰白色斑纹，缘线白色，缘毛灰黄色，翅脉端棕黑色。后翅、前翅同色，约有8个白斑，中部2个较大，外缘6个较小；缘线与缘毛同前翅。翅反面色彩较鲜艳，前翅顶角具一锈红色大斑。胸部腹面、腹部侧面及腹面基部棕褐色，腹面后半部灰黄色。前足稍小，各足棕色。幼虫：体形似直纹稻苞虫，黄绿至绿色，长18～22mm，头褐或棕褐色，毛绒状，胸部明显细缢似颈，前胸最细，褐至黑褐色，角质化，有丝光。腹部宽大，至尾部逐渐扁狭，末端圆。胸足黑色，腹足5对。气门细小、暗红色。中胸至腹部各节体表密布淡黄白色小毛片及细毛。

生活习性 江苏年生3代，以蛹越冬。各代幼虫分别发生于4～6月上旬，7～8月和9～10月，9月下旬至11月下旬化蛹。室内观察，9月下旬化蛹的10月上旬陆续羽化，不能羽化的即转入越冬状态，至翌年4月底羽化。室内羽化的成虫要补充营养方能产卵。卵散产于草莓嫩头、嫩叶及嫩叶柄上。初龄幼虫卷嫩叶边做成小虫苞，或在老叶叶面吐白色粗丝做成半球形网罩躲在其间取食叶肉。在野生寄主托盘上，因叶薄嫩，能将幼叶对折包成饺子形，在内剥食叶肉，叶成白色膜，并不断转苞为害。在草莓上，成长幼虫以白色粗丝缀合多个叶片组成疏松不规则大虫苞，将头伸出取食。3龄幼虫每天可取食1片单叶，一生转苞多次。幼虫行动迟缓，除取食和转苞外，很少活动。

防治方法 （1）利用幼虫结苞和不活泼的特点，进行人工捕杀。（2）保护蜘蛛、蓝蝽和寄生蜂等天敌，以增强天敌的调控作用。（3）药剂防治。喷洒25%灭幼脲悬浮剂500～600倍液或25%吡·灭幼可湿性粉剂2000倍液，使幼虫不能正常脱皮、变态而死亡。采收前7天停止用药。

褐背小萤叶甲

学名 *Galerucella grisescens*（Joannis），属鞘翅目、叶甲科。分布在黑龙江、吉林、辽宁、内蒙古、河北、山东、河南、江苏、安徽、浙江、湖北、江西、湖南、福建、台湾、广东、广西、四川、贵州、云南、西藏。

褐背小萤叶甲成虫和幼虫

寄主 草莓、大黄、珍珠菜等。

为害特点 成、幼虫在叶背啃食叶肉，嫩叶食成孔洞状，食害花瓣、花蕾，剥食果肉。

形态特征 成虫：小型，体长3.8～5.5mm，宽2～2.4mm，全身被毛。前胸、鞘翅灰黄褐色至红褐色，触角黑褐色、生于两复眼间，小盾片黑褐色，足黑色、腹部褐色至黑褐色，腹部末端1～2节红褐色。头小，触角为体长之半，基部稍粗，第1节棒状，第3节长是第2节的1.5倍，第4节与第2节等长。前胸背板宽大于长，两侧边框细，中部之间膨阔，基缘中间向内凹且深，中部具1倒三角形无毛区，其前缘可伸达两侧边，中部两侧各具1明显的宽凹，小盾片末端圆；翅基较前胸背板宽，肩瘤突明显，翅面具粗密刻点。幼虫：头黑色，体淡绿或污黄绿色，前胸背板黑褐色，臀板黑色；各体节具亮黑色毛瘤，中、后胸背面各具1对大毛瘤，有3对黑色胸足。

生活习性 江苏年生3～4代，成虫于10～11月间在表土层或枯枝落叶中越冬。翌年3月中、下旬开始取食，4月中旬～5月上旬进入盛卵期，5月中旬始见第1代成虫，5月下旬～6月上旬盛发。6～8月卵期6～8天，幼虫期16～20天，蛹期4～6天；春、秋两季卵期13～20天，幼虫期15～25天，蛹期6～9天，田间有世代重叠现象。成虫有趋光性和假死性，喜温湿。其天敌有中华大蟾蜍、中华草蛉、异色瓢虫等。

防治方法 （1）不留老苗田，忌连作。（2）做好采苗圃和假植床防虫工作，定植时不准苗上带有卵或幼虫，把此虫清除在定植前。（3）注意清园，减少越冬虫源，生长期要注意摘除老叶上的卵块。（4）草莓冬后现蕾、抽叶阶段成虫产卵初期开始喷洒5%氯虫苯甲酰胺悬浮剂1000倍液、24%氰氟虫腙悬浮剂1000倍液。采收前7天停止用药。（5）保护利用天敌，塑料大棚放养蟾蜍10～20只，即可基本控制叶甲或地下害虫。

双斑萤叶甲

学名 *Monolepta hieroglyphica* 属鞘翅目叶甲科。分布在东北、华北、江苏、浙江、湖北、江西、福建、广东、广西、宁夏、甘肃、陕西、云南、贵州等省。

寄主 豆类、马铃薯、苜蓿、玉米、茼蒿、树莓等。

为害特点 以成虫取食树莓叶片，成虫聚集在树上，从上而下先取食叶片表皮组织再取食叶肉，形成枯斑，严重时形成网状叶脉。

形态特征 成虫：体长3.6～4.8mm，宽2～2.5mm，长卵形，棕黄色，具光泽，触角11节、丝状，端部色黑，长为体长的2/3；复眼大、卵圆形；前胸背板宽大于长，表面隆起，密布很多细小刻点；小盾片黑色，呈三角形；鞘翅布有线状细刻点，每个鞘翅基半部具1近圆形淡色斑，四周黑色，淡色斑后外侧多不完全封闭，其后面黑色带纹向后突伸成角状，有些个体黑带纹不清或消失。两翅后端合为圆形。后足胫节端部具1长刺；腹管外露。幼虫：体长5～6mm，白色至黄白色，体表具瘤和刚毛，前胸背板颜色较深。

生活习性 河北、山西年生1代，以卵在土中越冬。翌年

双斑萤叶甲成虫放大

5月开始孵化。幼虫共3龄，幼虫期30天左右，在3～8cm土中活动或取食作物根部及杂草。7月初始见成虫，一直延续到10月，成虫期3个多月，初羽化的成虫喜在地边、沟旁、路边的苍耳、刺菜、红蓼上活动，约经15天转移到豆类、杏树、苹果树上为害，7～8月进入为害盛期，收获后，转移到十字花科蔬菜上为害。成虫有群集性和弱趋光性，在一株上进行自上而下地取食。成虫飞翔力弱，一般只能飞2～5m，早晚气温低于8℃或风雨天喜躲藏在植物根部或枯叶下，气温高于15℃成虫活跃，成虫羽化后经20天开始交尾，把卵产在杏、苹果等叶片上。卵散产或数粒黏在一起，卵耐干旱，幼虫生活在杂草丛下表土中，老熟幼虫在土中筑土室化蛹，蛹期7～10天。干旱年份发生重。

防治方法 （1）及时铲除杂草，秋季深翻灭卵，均可减轻受害。（2）发生严重的可喷洒40%辛硫磷乳油1000倍液，或20%氰·辛乳油1200倍液、5%氯虫苯甲酰胺悬浮剂1000倍液。

大青叶蝉

学名 *Tettigella viridis*（Linnaetus）鞘翅目叶蝉科。

寄主 桃、李、葡萄、樱桃、树莓、梅等。

为害特点 以若虫和成虫刺吸枝条汁液，致叶片失去大量叶绿素，变成苍白色，严重降低光合效能，造成植株长势衰弱。

形态特征 成虫：体长7～10mm，雄较雌略小，青绿色。头橙黄色，左右各具1小黑斑，单眼2个，红色，单眼间有2个多角形黑斑。前翅革质绿色微带青蓝，端部色淡近半透明；前翅反面、后翅和腹背均黑色，腹部两侧和腹面橙黄色。

大青叶蝉成虫

大青叶蝉产在枝干皮层下的卵

足黄白至橙黄色，跗节3节。若虫：与成虫相似，共5龄。初龄灰白色；2龄淡灰微带黄绿色；3龄灰黄绿色，胸腹背面有4条褐色纵纹，出现翅芽；4～5龄同3龄，老熟时体长6～8mm。

生活习性 北方年生3代，以卵于树木枝条表皮下越冬。4月孵化，于杂草、农作物及花卉上为害。若虫期30～50天。第1代成虫发生期为5月下旬～7月上旬。各代发生期大体为：第1代4月上旬～7月上旬，成虫5月下旬开始出现；第2代6月上旬～8月中旬，成虫7月开始出现；第3代7月中旬～11月中旬，成虫9月开始出现。发生不整齐，世代重叠。成虫有趋光性，夏季颇强，晚秋不明显，可能是低温所致。成虫、若虫日夜均可活动取食，产卵于寄主植物茎秆、叶柄、主脉、枝条等组织内，以产卵器刺破表皮成月牙形伤口，产卵6～12粒于其中，排列整齐，产卵处的植物表皮成肾形凸起。每雌可产卵30～70粒，非越冬卵期9～15天，越冬卵期达5个月以上。前期主要危害春季花卉及杂草等植物，至9～10月则集中于秋季花卉等绿色植物上为害，10月中旬第3代成虫陆续转移到木本花卉、林木和果树上为害并产卵于枝条内，10月下旬为产卵盛期，直至秋后，以卵越冬。

防治方法 （1）夏季灯光诱杀第2代成虫，减少第3代的发生。（2）成虫、若虫集中在花卉及禾本科植物上时，及时喷撒2.5%敌百虫粉或2%异丙威粉剂，每667m^2 2kg。（3）必要时可喷洒2.5%高效氯氟氰菊酯乳油2000～2500倍液、5%氯虫苯甲酰胺悬浮剂1000倍液、3%啶虫脒乳油1500倍液。

琉璃弧丽金龟

学名 *Popillia atrocoerulea* Bates，属鞘翅目、丽金龟科。异名*Popillia fiarosellata* Fairmaire。分布在辽宁、河南、河北、山东、江苏、浙江、湖北、江西、台湾、广东、四川、云南。

寄主 棉花、胡萝卜、草莓、黑莓、葡萄、玫瑰、合欢、菊科植物、玉米、花生。

琉璃弧丽金龟成虫

为害特点 成虫喜欢取食上述植物花蕊或嫩叶，有时一朵花有虫10余头，先取食花蕊后取食花瓣，影响授粉或不结实。幼虫主要为害棉花、禾谷类地下根部、吸足水分的种子和种芽。

形态特征 成虫：体长11～14mm，宽7～8.5mm，体椭圆形，棕褐泛紫绿色闪光。鞘翅茄紫有黑绿或紫黑色边缘，腹部两侧各节具白色毛斑区。头较小，唇基前缘弧形，表面皱，触角9节。前胸背板缢缩，基部短于鞘翅，后缘侧斜形，中段弧形内弯。小盾片三角形。鞘翅扁平，后端狭，小盾片后的鞘翅基部具深横凹，臀板外露隆拱，上刻点密布，有1对白毛斑块。幼虫：体长8～11mm，每侧具前顶毛6～8根，形成一纵列，额前侧毛左右各2～3根，其中2长1短。上唇基毛左右各4根。肛门背片后具长针状刺毛，每列4～8根，一般4～5根，刺毛列八字形向后岔开不整齐。

生活习性 河南年生1代，以3龄幼虫在土中越冬。翌年3月下旬至4月上旬升到耕作层为害小麦等作物地下部。4月下旬末化蛹，5月上旬羽化，5月中旬进入盛期，6月下旬成虫产卵，6月下旬～7月中旬进入产卵盛期，卵历期8～20天，成虫寿命40天，1龄幼虫历期14天，2龄历期18.7天，3龄历期长达245天，蛹期12天。成虫喜在9～11时和15～18时活动，喜在寄主的花上交配20～25min，把卵产在1～3cm表土层，每粒卵外附有土粒形成的土球，球内光滑似卵室。幼虫多在8～16时孵化，4h后开始取食卵壳和土壤中的有机质，10天后取食根部，有的取食种子、种芽，3龄后进入暴食期。其天敌有鸟类、食虫虻、蟾蜍等。

防治方法 （1）利用成虫交尾持续时间长，受惊后收足坠落等特点，组织人力捕杀成虫。（2）受害重时喷洒40%辛硫磷乳油1000倍液或30%茚虫威水分散粒剂1500倍液。

无斑弧丽金龟

学名 *Popillia mutans* Newman，属鞘翅目、丽金龟科。别名：豆蓝丽金龟。分布：除新疆、西藏、青海未见报道外，广布全国各地。

寄主 草莓、黑莓、棉花、玉米、高粱、大豆、月季、玫瑰、芍药、合欢、板栗、苹果、猕猴桃等。

为害特点 成虫群集为害花、嫩叶，致受害花畸形或死亡。为害较普遍、严重。

形态特征 成虫：体长11～14mm，宽6～8mm，体深蓝色带紫色，有绿色闪光；背面中间宽，稍扁平，头尾较窄，臀板无毛斑；唇基梯形，触角9节，棒状部3节，前胸背板弧拱明显；小盾片短阔三角形，大；鞘翅短阔，后方明显收狭，小盾片后侧具1对深显横沟，背面具6条浅缓刻点沟，第2条短，后端略超过中点；足黑色粗壮，前足胫节外缘2齿，雄虫中足2爪，大爪不分裂。卵：近球形，乳白色。幼虫：体长24～26mm，弯曲呈"C"形，头黄褐色，体多皱褶，肛门孔呈横裂缝状。蛹：裸蛹，乳黄色，后端橙黄色。

生活习性 年生一代，以末龄幼虫越冬。由南到北成虫于5～9月出现，白天活动。安徽8月下旬成虫发生较多。成

无斑弧丽金龟成虫

虫善于飞翔，在一处为害后，便飞往别处为害，成虫有假死性和趋光性。其发生量虽不如小青花金龟多，但为害期长，个别地区发生量大，有潜在危险。

防治方法 参见琉璃弧丽金龟。

黑绒金龟

为害特点 黑绒金龟成虫为害草莓、黑莓、猕猴桃、柿、醋栗、石榴等果木的嫩头、嫩叶、蕾、花等，蕾花期的草莓，常在数日之内被食光，1墩草莓上可多达40多头，幼虫以嫩根和腐殖质为食，密度大时也可造成严重为害。有关内容参见猕猴桃害虫——黑绒金龟。

防治方法 （1）利用成虫多在上午10～16时出土活动及假死性习性，进行人工捕杀。（2）春季进入盛发期可喷洒40%辛硫磷乳油1000倍液或20%氰·辛乳油1200倍液，要求最后1次用药要在采收前20天。（3）喷拒食剂。可在叶面喷洒1：2：160倍的波尔多液，使树叶变成灰白色，可趋避金龟子取食。（4）灌根。利用白僵菌或除虫菊制剂灌根、防治蓝霉根际土壤中的金龟子幼虫蛴螬。

黑绒金龟成虫

中华弧丽金龟子

为害特点 为害树莓的金龟子种类较多，如中华弧丽金龟、侧斑异丽金龟，成虫主要为害树莓叶片、花果，幼虫为害树莓地下部和地上部靠近地面的嫩茎。

防治方法 参见黑绒金龟。

中华弧丽金龟子成虫

卷球鼠妇

学名 *Armadillidium vulgare*（Latrielle），属甲壳纲、等足目、鼠妇科。别名：鼠妇。分布在上海、江苏、福建、广东等地及北方各温室。为温室中一种主要有害动物。

寄主 草莓、黄瓜、番茄、油菜、花卉等。

为害特点 成、幼体取食寄主植物的幼嫩新根，咬断须根或咬坏球根，同时啃食地上部的嫩叶、嫩茎和嫩芽，造成局部溃烂。

形态特征 成体：体长8～11mm，长椭圆形，宽而扁，具光泽；体灰褐色或灰紫蓝色，胸部腹面略呈灰色，腹部腹面较淡白。体分13节，第1胸节与颈愈合，第8～9体节明显缢

卷球鼠妇（蒋玉文摄）

缩，末节呈三角形，各节背板坚硬；头宽2.5～3mm，头顶两侧有复眼1对，眼圆形稍突，黑色；触角土褐色；长、短各1对，着生于头顶前端，其中长触角6节；短触角不显；口器小，褐色；腹足7对；雌体胸肢基部内侧有薄膜板，左右会合形成育室。幼体：初孵幼体白色，足6对，经过一次蜕皮后有足7对，蜕皮壳白色。

生活习性　北方2年发生1代，南方1年1代，以成体或幼体在土层下、裂缝中越冬。雌体产卵于胸部腹面的育室内，每雌产卵约30余粒，卵经2个多月后在育室内孵化为幼鼠妇，随后幼体陆续爬出育室离开母体。1～2天后蜕第一次皮，再经6～7天后进行第二次蜕皮。幼体对蜕下的体皮自行取食或相互取食，幼体经多次蜕皮后便成熟。再生能力强。性喜湿，不耐干旱，怕光，有"假死性"，在外物碰触下能将体躯蜷缩成球体，静止不动，在强光或外物触动消除后便恢复活动。昼伏夜出。成、幼体多潜伏在根部湿土下，夜间出来取食。

防治方法　（1）利用鼠妇怕光和不耐干旱的习性，清除多余杂物和杂草，在草莓田周围撒石灰或药剂。（2）发生严重时喷洒40%辛硫磷乳油800倍液或2.5%敌百虫粉剂（每株1g）。

蛞蝓

学名 *Agriolimax agrestis* Linnaeus，称野蛞蝓，属腹足纲、柄眼目、蛞蝓科。别名：鼻涕虫。分布在江苏、上海、浙江、江西、福建、湖南、广东、海南、广西、云南、贵州、四川等地及北方各大城市温室、大棚。在我国为害草莓的还有黄蛞蝓 *Limax flavus* Linnaeus；网纹蛞蝓 *Deroceras reticulatum* （Müller）；双线嗜黏液蛞蝓 *Philomycus bilineatus* （Bensom）。

寄主 草莓、蔬菜、多种果树苗木、花卉等。

形态特征 成体：伸直时体长30～60mm，体宽4～6mm；内壳长4mm，宽2.3mm。长梭形，柔软、光滑而无外壳，体表暗黑色、暗灰色、黄白色或灰红色。触角2对，暗黑色，下边一对短，约1mm，称前触角，有感觉作用；上边一对长约4mm，称后触角，端部具眼。口腔内有角质齿舌。体背前端具外套膜，为体长的1/3，边缘卷起，其内有退化的贝壳（即盾板），上有明显的同心圆线，即生长线。同心圆线中心在外套膜后端偏右。呼吸孔在体右侧前方，其上有细小的色线环绕。嵴钝。黏液无色。在右触角后方约2mm处为生殖孔。幼虫：初孵幼虫体长2～2.5mm，淡褐色；体形同成体。

生活习性 以成体或幼体在作物根部湿土下越冬。5～7月在田间大量活动为害，入夏气温升高，活动减弱，秋季气

野蛞蝓

候凉爽后，又活动为害。完成一个世代约250天，5～7月产卵，卵期16～17天，从孵化至成虫性成熟约55天。成虫产卵期可长达160天。野蛞蝓雌雄同体，异体受精，亦可同体受精繁殖。卵产于湿度大隐蔽的土缝中，每隔1～2天产一次，为1～32粒，每处产卵10粒左右，平均产卵量为400余粒。野蛞蝓怕光，强光下2～3h即死亡，因此均夜间活动，从傍晚开始出动，晚上22～23时达高峰，清晨之前又陆续潜入土中或隐蔽处。耐饥力强，在食物缺乏或不良条件下能不吃不动。阴暗潮湿的环境易于大发生，当气温11.5～18.5℃、土壤含水量为20%～30%时，对其生长发育最为有利。野蛞蝓在包头2年发生3代，每年3月中旬～4月上旬可见到卵，4月下旬幼体出现。9月下旬～10月中下旬产出第二代卵，11月上旬第二代卵孵化，产卵期25～35天，卵历期15～20天。

防治方法　（1）采用高畦栽培、地膜覆盖、破膜提苗等方法，以减少为害。（2）施用充分腐熟的有机肥，创造不适于野蛞蝓发生和生存的条件。（3）必要时施用6%四聚乙醛颗粒剂（0.5kg/667m^2）等。（4）在蛞蝓爬过的地面上撒施石灰粉、草木灰或具芒麦糠，可使其接触死亡。（5）将5%辛硫磷颗粒剂与四聚乙醛、麸皮按1∶0.5∶2混合，在土表干燥的傍晚撒于植物近根部，蛞蝓接触后分泌大量黏液而死亡。（6）利用蛞蝓的趋性，在盛有香、甜、腥气味的物质下设置一个容器，内装氢氧化钠水溶液，使之落入淹死。（7）将蛙类引入温室，可吞食大量蛞蝓。

同型巴蜗牛

学名　*Bradybaena similaris*（Ferussac），属腹足纲、柄眼目、巴蜗牛科。别名：水牛。分布在黄河流域、长江流域及华南各省。

寄主 草莓、石榴、柑橘、金橘及多种蔬菜、花卉等。

为害特点 初孵幼螺只取食叶肉，留下表皮，稍大个体则用齿舌将叶、茎舔磨成小孔或将其吃断。

形态特征 贝壳中等大小，壳质厚，坚实，呈扁球形。壳高12mm、宽16mm，有5～6个螺层，顶部几个螺层增长缓慢，略膨胀，螺旋部低矮，体螺层增长迅速、膨大。壳顶钝，缝合线深。壳面呈黄褐色或红褐色，有稠密而细致的生长线。体螺层周缘或缝合线处常有一条暗褐色带（有些个体无）。壳口呈马蹄形，口缘锋利，轴缘外折，遮盖部分脐孔。脐孔小而深，呈洞穴状。个体之间形态变异较大。卵：圆球形，直径2mm，乳白色有光泽，渐变淡黄色，近孵化时为土黄色。

生活习性 是我国常见的为害果树的陆生软体动物之一，我国各地均有发生，常与灰巴蜗牛混杂发生。生活于潮湿的灌木丛、草丛中、田埂上、乱石堆里、枯枝落叶下、植物根际土块和土缝中以及温室、菜窖、畜圈附近的阴暗潮湿、多腐殖质的环境，适应性极广。一年繁殖1代，多在4～5月间产卵，大多产在根际疏松湿润的土中、缝隙中、枯叶或石块下。每个成体可产卵30～235粒。成螺大多蛰伏在落叶、花盆、土块砖块下、土隙中越冬。

同型巴蜗牛

防治方法 （1）清晨或阴雨天人工捕捉，集中杀灭。（2）用茶子饼粉3kg撒施。（3）667m²用8%灭蜗灵颗粒剂1.5～2kg，碾碎后拌细土5～7kg，于天气温暖、土表干燥的傍晚撒在受害株根部行间。也可用6%甲萘·四聚颗粒剂或6%四聚乙醛杀螺颗粒毒饵，667m²用量500g。（4）也可喷洒80.3%硫酸铜·速灭威可湿性粉剂170倍液，每667m²药量200g。

小家蚁

学名 *Monomorium pharaonis* Linnaeus，属膜翅目、蚁科。世界性分布。国内北自沈阳，南至广东、广西、云南均有分布。

寄主 草莓、瓜类、多种蔬菜、食用菌等。

为害特点 草莓成熟后蚂蚁啃食果肉，先是一两头啃咬，后把信息传递给其他蚂蚁，蚁群出动把果实吃光，仅剩花器。同一群蚂蚁往往先吃一果后再吃一果，干旱年份干旱地块尤重，有时受害率达30%，失去食用价值。

形态特征 小家蚁群体中只有雌蚁、雄蚁和工蚁。雌蚁：体长3～4mm，腹部较膨大；雄蚁：体短，体长2.5～3.5mm，营巢后翅脱落只剩翅痕。工蚁：体长1.5～2mm，深

小家蚁为害草莓

黄色，腹部后 2 ～ 3 节背面黑色。头、胸部、腹柄节具微细皱纹及小颗粒，腹部光滑具闪光，体毛稀疏，触角 12 节，细长，柄节长度超过头部后缘。前、中胸背面圆弧形，第 1 腹柄节楔形，顶部稍圆，前端突出部长些，第 2 腹柄节球形，腹部长卵圆形。蚁卵：乳白色，椭圆形。

生活习性 小家蚁多在夏季进行婚飞。雄蚁不久即死亡，雌蚁产卵营巢在土下。整群聚集在一起，傍晚或阴天出洞浩浩荡荡产卵繁殖，首批繁殖的子蚁是工蚁。卵期 7.5 天，幼虫期 18.5 天，蛹期 9 天，从卵产出到发育为成虫共 38 天，每年完成 4 ～ 5 个世代。

防治方法 （1）蚁为害严重地区要设法与水生蔬菜或水稻进行水旱轮作。（2）旱地适时灌水，抑制蚁害。（3）草莓等浆果达到 7 ～ 8 成熟时即应采收，可减少受害。（4）先诱杀工蚁，用 0.13% ～ 0.15% 的灭蚁灵粉与玉米芯粉或食油拌匀，放在火柴盒里，每盒 2 ～ 3g，每 10m^2 放 1 盒，再捕捉几只活的小家蚁放在盒内取食，它们就回去报信，巢穴中的蚂蚁全来取食。灭蚁灵虽较安全，但也有一定毒性，不可随意加大用药量。（5）为害严重的地方可用"灭蟑螂蚂蚁药"，简称"灭蟑药"，每 15m^2 用 1 ～ 3 管，每管 2g，分放 10 ～ 30 堆，湿度大的地方可把药放在玻璃瓶内，侧放，即可长期诱杀。（6）浇灌 90% 敌百虫可溶性粉剂：石灰为 1 ：1 对水 4000 倍液，每窝浇灌对好的药液 0.5kg。（7）确定灭蚁方案，在诱杀工蚁基础上堵蚁穴、灭蚁王等综合防治措施，才能逐步控制小家蚁。

中桥夜蛾

学名 *Anomis mesogona*（Walker），属鳞翅目、夜蛾科。分布：黑龙江、河北、湖北、浙江、江苏、江西、广东、四川等地。

寄主 黑莓、红莓、醋栗、柑橘。中桥夜蛾是黑莓最重要的食叶害虫。

为害特点 幼虫为害嫩叶、嫩梢，严重时吃成光秆。成虫是吸果夜蛾。

形态特征 成虫：体长15～17mm，翅展35～38mm，头、胸暗红褐色，腹部暗灰色，触角丝状。前翅暗红褐色，内横线褐色，中脉处折成外突齿，肾纹暗灰色，前后端各具黑圆点1个，外横线褐色，在肘脉Cu1处内折，然后成直角，翅基部生一黑点。后翅暗褐色。末龄幼虫：体长33～38mm，头大，绿色，光滑，体暗灰绿色，背线绿色不明显，气门上线深绿色，明显。背面、侧面生深绿色毛突，毛突四周具灰白环，胸足、腹足绿色。蛹：长16～20mm，棕褐色，具4根臀棘。

生活习性 东北年生1代，江苏3代，浙江黄岩6代，以幼虫和蛹越冬，世代重叠，江苏6月下旬～9月下旬幼虫为害黑莓，7月上旬～8月下旬进入为害盛期，幼虫期15～20天，10月下旬，幼虫老熟后入土或在叶苞内化蛹，蛹期6～10天。其天敌有松毛虫赤眼蜂、桥夜蛾绒茧蜂等多种。

防治方法 （1）在6月下旬～7月上旬卵孵化盛期喷洒

中桥夜蛾幼虫为害黑莓

5%天然除虫菊素乳油1000倍液，可减少7月中、下旬成虫吸果为害，确保8～9月间新抽嫩梢生长，确保下一年产量。（2）保护利用天敌，把药剂防治时间定在桥夜蛾卵孵化盛期，以保护卵期、幼虫期的寄生蜂。（3）成虫对黑光灯和糖醋液趋性强，可进行诱杀。

浅褐彩丽金龟

学名 *Mimela testaceoviridis* Blanchara，属鞘翅目、丽金龟科。别名：黄闪彩丽金龟。分布于河北、山东、江苏、浙江、福建、台湾等地。

寄主 喜食苹果、葡萄、黑莓、无花果、榆等，是果树重要害虫之一。

为害特点 成虫食叶，幼虫为害果树根部。

形态特征 成虫：体长14～18mm，宽8.2～10.4mm，体中型，后方膨阔。体色浅，全体光亮，背面浅黄色，鞘翅更浅，体下面、足褐色至黑褐色。唇基近梯形，表面密皱，侧缘略弧弯；头面前部刻点与唇基相似，后部刻点较大散布。触角9节。前胸背板略短，散布浅弱刻点；小盾片短阔，散布刻点。鞘翅上散布浅大刻点。

浅褐彩丽金龟成虫为害叶片

生活习性 年生1代，以老熟幼虫越冬，翌年5月下旬～7月下旬成虫出现，6月下旬～8月上旬盛发，昼夜在黑莓上层叶片上取食，有群聚性。苏北比苏南重。

防治方法 参见斑青花金龟。

人纹污灯蛾

学名 *Spilarctia subcarnea*（Walker），属鳞翅目、灯蛾科。别名：红腹白灯蛾、人字纹灯蛾。分布：北起黑龙江、内蒙古，南至台湾、海南、广东、广西、云南。

寄主 黑莓、果桑、月季、木槿、碧桃、腊梅、荷花、杨树、榆树、槐树、十字花科植物、瓜类、蔬菜等。

为害特点 幼虫食叶，吃成孔洞或缺刻。年发生2～6代，以蛹在土中越冬，第一代幼虫5～6月开始为害。

防治方法 悬挂黑光灯诱杀成虫。受害重的喷洒45%杀螟硫磷乳油1000倍液。

人纹污灯蛾幼虫和成虫交尾状

斑青花金龟

学名 *Oxycetonia jucunda bealiae* Goryet Percheron，　属

斑青花金龟为害蓝莓

鞘翅目、花金龟科。异名*Oxycetonia bealiae* Gory et Percheron。分布在山西、江苏、浙江、江西、福建、广西、广东、云南、西藏、贵州、四川、湖南。

寄主 越橘、黑莓、草莓、茄、红三叶草、苹果、梨、柑橘、龙眼、荔枝、罗汉果、棉花、栗等。

为害特点 是为害花的常见种类之一。为害情况参见无斑弧丽金龟。

形态特征 成虫：倒卵圆形，体长11.7～14.4mm，宽6.8～8.2mm，鞘翅基部最宽。形态与小青花金龟酷似，本种头黑色，前胸背板栗褐色至橘黄色，每侧具斜阔暗古铜色大斑1个，大斑中央具一小白绒斑，体上面无毛，鞘翅狭长，暗青铜色，后方略收狭，每鞘翅中段具一茶黄色近方形大斑，背观两翅上的黄褐斑构成宽倒"八"字形，在黄褐斑外缘下角，具一楔形黄斑相垫，端部有小白绒斑3个。

防治方法 大发生时在成虫盛发期喷洒40%辛硫磷乳油800～1000倍液。

蛴螬

蛴螬是鞘翅目金龟甲总科幼虫的总称。金龟甲按其食性可分为植食性、粪食性、腐食性三类。植食性种类中以鳃金龟科和丽金龟科的一些种类，发生普遍为害最重。

寄主 植食性蛴螬大多食性极杂，同一种蛴螬常可为害多种蔬菜、油料作物、芋、棉、牧草以及花卉和果、林等播下的种子及幼苗。

为害特点 幼虫终生栖居土中，喜食刚刚播下的种子、根、块根、块茎以及幼苗等，造成缺苗断垄。成虫则喜食害果树、林木的叶和花器，是一类分布广、为害重的害虫。

形态特征 蛴螬体肥大弯曲近C形，体大多白色，有的黄白色。体壁较柔软，多皱。体表疏生细毛。头大而圆，多为黄褐色或红褐色，生有左右对称的刚毛，常成为分种的特征。胸足3对，一般后足较长。腹部10节，第10节称为臀节，其上生有刺毛，其数目和排列也是分种的重要特征。

生活习性 蛴螬年生代数因种、因地而异。这是一类生活史较长的昆虫，一般1年1代，或2～3年1代，长者5～6年1代。如大黑鳃金龟2年1代，暗黑鳃金龟、铜绿丽金龟1年1代，小云斑鳃金龟在青海4年1代，大栗鳃金龟在四川甘孜地区则需5～6年1代。蛴螬共3龄。第1～2龄期较短，第3龄期最长。蛴螬终生栖生土中，其活动主要与土壤的理化特性和

蛴螬

温湿度等有关。在一年中活动最适的土温平均为13～18℃，高于23℃，即逐渐向深土层转移，至秋季土温下降到其活动适宜范围时，再移向土壤上层。因此，蛴螬对果园苗圃、幼苗及其他作物的为害主要是春秋两季。

防治方法 （1）应做好测报工作，调查虫口密度，掌握当地为害果树的主要金龟子成虫发生盛期并及时防治成虫，可参考大黑鳃金龟、铜绿丽金龟、苹毛丽金龟等成虫的防治措施。（2）应抓好蛴螬的防治，如大面积秋、春耕，并随犁拾虫；避免施用未腐熟的厩肥，减少成虫产卵；合理灌溉，即在蛴螬发生严重果园，合理控制灌溉，或及时灌溉，促使蛴螬向土层深处转移，避开果树苗木最易受害时期。（3）药剂处理土壤。如用40%辛硫磷乳油，每667m²200～250g，加水10倍，喷于25～30kg细土上拌匀成毒土，撒于地面，随即耕翻，或混入厩肥中施用，或结合灌水施入，或5%辛硫磷颗粒剂，每667m²2.5～3kg处理土壤，都能收到良好效果，并兼治金针虫和蝼蛄。

小地老虎

学名 *Agrotis ypsilon*（Hufnage），属鳞翅目、夜蛾科。别名：土蚕、地蚕、黑土蚕、黑地蚕。异名*Noctua ypsilon*。分布在全国各地。

寄主 苹果、葡萄、桃、李、柑橘、罗汉果、猕猴桃以及苗圃各种果树、苗木、草莓及各种蔬菜、各种农作物。

为害特点 幼虫将果树幼苗近地面的茎部咬断，使整株死亡，严重的甚至毁种。

形态特征 成虫：体长21～23mm，翅展48～51mm，深褐色，前翅由内横线、外横线将全翅分为3段，具有显著的

小地老虎成虫

小地老虎幼虫为害状

肾状斑、环形纹、棒状纹和2个黑色剑状纹；后翅灰色无斑纹。卵：长0.5mm，半球形，表面具纵横隆纹，初产乳白色，后出现红色斑纹，孵化前灰黑色。幼虫：体长37～47mm，灰黑色，体表布满大小不等的颗粒，臀板黄褐色，具2条深褐色纵带。蛹：长18～23mm，赤褐色，有光泽，第5～7腹节背面的刻点比侧面的刻点大，臀棘为短刺1对。

生活习性 年发生代数由北至南不等，黑龙江2代，北京3～4代，江苏5代，福州6代。越冬虫态、地点在北方地区至今不明，据推测，春季虫源系迁飞而来；在长江流域能以老熟幼虫、蛹及成虫越冬；在广东、广西、云南则全年繁殖为害，无越冬现象。成虫夜间活动、交配产卵，卵产在5cm以下矮小杂草上，尤其在贴近地面的叶背或嫩茎上，如小旋花、小蓟、藜、猪毛菜等，卵散产或成堆产，每雌平均产卵800～1000粒。成虫对黑光灯及糖醋酒等趋性较强。幼虫共6龄，3龄前在地面、杂草或寄主幼嫩部位取食，为害不大；3龄后昼间潜伏在表土中，夜间出来为害，动作敏捷，性残暴，能自相残杀。老熟幼虫有假死习性，受惊缩成环形。幼虫发育历期：15℃67天，20℃32天，30℃18天。蛹发育历期12～18天，越冬蛹则长达150天。小地老虎喜温暖及潮湿的条件，最适发育温限为13～25℃，在河流湖泊地区或低洼内涝、雨水充足及常年灌溉地区，如土质疏松、团粒结构好、保水性强的壤土、黏壤土、沙壤土均适于小地老虎的发生。尤在早春花场、苗圃、菜田及周缘杂草多，可提供产卵场所；蜜源植物多，可为成虫提供充足营养的情况下，将会形成较大的虫源，发生严重。

防治方法（1）预测预报。对成虫的测报可采用黑光灯或蜜糖液诱蛾器，华北春季自4月15日～5月20日设置，如平均每天每台诱蛾5～10头以上，表示进入发蛾盛期，蛾量最多的一天即为高峰期，过后20～25天即为2～3龄幼虫盛期，为防治适期；诱蛾器如连续两天在30头以上，预兆将有大发生的可能。对幼虫的测报采用田间调查的方法，如定苗前每平方米有幼虫0.5～1头，或定苗后每平方米有幼虫0.1～0.3头（或百株幼苗上有虫1～2头），即应防治。（2）农业防治。早春清除果园及周围杂草，防止地老虎成虫产卵是关键一环；如已被产卵，并发现1～2龄幼虫，则应先喷药后除草，以免个别幼虫入土隐蔽。清除的杂草，要远离苗圃或果园，沤粪处理。（3）诱杀防治。一是黑光灯诱杀成虫。二是糖醋液诱杀成虫：糖6份、醋3份、白酒1份、水10份、90%敌百虫1份调匀，或用泡菜水加适量农药，在成虫发生期设置，均有诱杀效果。三是毒饵诱杀幼虫（参见蝼蛄）。四是堆草诱杀幼虫：在苗木定植前，地老虎仅以田中杂草为食，因此可选择地老虎喜食的灰菜、刺儿菜、苦荬菜、小旋花、苜蓿、艾蒿、青蒿、白茅、鹅儿草等杂草堆放诱集地老虎幼虫，或人工捕捉，或拌入药剂毒杀。（4）化学防治。地老虎1～3龄幼虫期抗药性差，且暴露在寄主植物或地面上，是药剂防治的适期。喷洒40%毒死蜱乳油1000～1500倍液或2.5%溴氰菊酯或20%氰戊菊酯2000倍液、90%敌百虫可溶性粉剂800倍液或40%辛硫磷乳油800倍液。此外，也可选用3%毒死蜱颗粒剂，每667m^{2}2～5kg，混细干土50kg，均匀地撒在地表，深翻20cm，也可撒在栽植沟或定植穴内，浅覆土后再定植。

沟金针虫

学名 *Pleonomus canaliculatus* Faldermann，属鞘翅目、叩甲科。别名：沟叩头虫、沟叩头甲、土蚰蜒、钢丝虫。分布在辽宁、内蒙古、甘肃、宁夏、青海、陕西、山西、北京、河北、河南、山东、安徽、江苏、湖北等地。

寄主 苹果、梨、树莓、黑莓等多种果树苗木、农作物及观赏树木的苗木。

为害特点 幼虫在土中取食播种下的种子、萌出的幼芽、果树苗木的根部，致使植物枯萎致死，造成缺苗断垄，甚至全部毁种。

形态特征 老熟幼虫：体长20～30mm，细长筒形略扁，体壁坚硬而光滑，具黄色细毛，尤以两侧较密。体黄色，前头和口器暗褐色，头扁平，上唇呈三叉状突起，胸、腹部背面中央呈一条细纵沟。尾端分叉，并稍向上弯曲，各叉内侧有1个小齿。各体节宽大于长，从头部至第9腹节渐宽。

沟金针虫成虫

沟金针虫幼虫

生活习性 2～3年1代，以幼虫和成虫在土中越冬。在河南南部，越冬成虫于2月下旬开始出蛰，3月中旬至4月中旬为活动盛期，白天潜伏于表土内，夜间出土交配产卵。雌虫无飞翔能力，每雌产卵32～166粒，平均产卵94粒；雄成虫善飞，有趋光性。卵发育历期33～59天，平均42天。5月上旬幼虫孵化，在食料充足的条件下，当年体长可至15mm以上，到第三年8月下旬，幼虫老熟，于16～20cm深的土层内做土室化蛹，蛹期12～20天，平均约16天。9月中旬开始羽化，当年在原蛹室内越冬。在北京，3月中旬10cm深土温平均为6.7℃时，幼虫开始活动；3月下旬土温达9.2℃时，开始为害，4月上、中旬土温为15.1～16.6℃时为害最烈。5月上旬土温为19.1～23.3℃时，幼虫则渐趋13～17cm深土层栖息；6月份10cm土温达28℃以上时，沟金针虫下潜至深土层越夏。9月下旬至10月上旬，土温下降到18℃左右时，幼虫又上升到表土层活动。10月下旬随土温下降幼虫开始下潜，至11月下旬10cm土温平均1.5℃时，沟金针虫潜于27～33cm深的土层越冬。由于沟金针虫雌成虫活动能力弱，一般多在原地交尾产卵，故扩散为害受到限制，因此在虫口高的田内一次防治后，在短期内种群密度不易回升。

防治方法 （1）应做好测报工作，调查虫口密度，掌握成虫发生盛期及时防治成虫。测报调查时，每平方米沟金针虫数量达1.5头时，即应采取防治措施。在播种前或移植前施用3%毒死蜱颗粒剂，每667m²2～6kg，混干细土50kg均匀撒在地表，深耙20cm，也可撒在定植穴或栽植沟内，浅覆土后再定植，防效可达6周。（2）药剂处理土壤。如用40%辛硫磷乳油每667m²200～250g，加水10倍，喷于25～30kg细土上拌匀成毒土，撒于地面，随即耕翻，或混入厩肥中施用，或结合灌水施入；或5%辛硫磷颗粒剂，每667m²2.5～3kg处理土壤，都能收到良好效果，并兼治蝼蛄。

种蝇

学名 *Delia platura*（Meigen），属双翅目、花蝇科。别名：地蛆。分布在全国各地。

寄主 各种果树苗木、农作物、蔬菜等。

为害特点 幼虫蛀食萌动的种子或幼苗的地下组织，引起腐烂死亡。

形态特征 成虫：体长4～6mm，雄体稍小。雄体色暗黄或暗褐，两复眼几乎相连，触角黑色，胸部背面具黑纵纹

种蝇成虫放大

3条，前翅基背鬃长度不及盾间沟后的背中鬃之半，后足胫节内下方具一列稠密末端弯曲的短毛；腹部背面中央具黑纵纹一条，各腹节间有一黑色横纹。雌体灰色至黄色，两复眼间距为头宽1/3；前翅基背鬃同雄虫，后足胫节无雄蝇的特征，中足胫节外上方具刚毛1根；腹背中央纵纹不明显。卵：长约1mm，长椭圆形稍弯，乳白色，表面具网纹。幼虫：蛆形，体长7～8mm，乳白而稍带浅黄色；尾节具肉质突起7对，1～2对等高，5～6对等长。蛹：长4～5mm，红褐色或黄褐色，椭圆形，腹末7对突起可辨。

生活习性 年生2～5代，北方以蛹在土中越冬，南方长江流域冬季可见各虫态。种蝇在25℃以上条件下完成1代需19天，春季均温17℃需时42天，秋季均温12～13℃则需51.6天。产卵前期初夏30～40天，晚秋40～60天。35℃以上70%卵不能孵化，幼虫、蛹死亡，故夏季种蝇少见。种蝇喜白天活动，幼虫多在表土下或幼茎内活动。

防治方法 （1）施用充分腐熟的有机肥，防止成虫产卵。（2）成虫产卵高峰及地蛆孵化盛期及时防治，通常采用诱测成虫法。诱剂配方：糖1份、醋1份、水2.5份，加少量敌百虫拌匀。诱蝇器用大碗，先放少量锯末，然后倒入诱剂加盖，每天在成蝇活动时开盖，及时检查诱杀数量，并注意添补诱杀剂，当诱器内数量突增或雌雄比近1：1时，即为成虫盛期立即防治。（3）在成虫发生期，地面喷75%灭蝇胺可湿性粉剂5000倍液或2.5%溴氰菊酯2000倍液，隔10～15天1次，连续防治2～3次。当地蛆已钻入幼苗根部时，可用40%辛硫磷乳油800倍液灌根。（4）药剂处理土壤或处理种子。如用40%辛硫磷乳油，每667m^{2}200～250g，加水10倍，喷于25～30kg细土中拌匀成毒土，撒于地面，随即耕翻，或混入厩肥中施用，或结合灌水施入。也可施用5%辛硫磷颗粒剂或3%毒死蜱颗粒剂，每667m^2 2.5～3kg处理土壤，都能收到良好效果，并兼治金针虫和蝼蛄。

东方蝼蛄

<u>学名</u> *Gryllotalpa orientalis* Burmeister，异名 *Gryllotalpa africana* Palisot de Beauvois，属直翅目、蝼蛄科。别名：非洲蝼蛄、小蝼蛄、拉拉蛄、地拉蛄、土狗子、地狗子、水狗。国内从1992年改为东方蝼蛄，分布在全国各地。

<u>寄主</u> 果树苗木、农作物的种子和幼苗。

东方蝼蛄

为害特点 成虫、若虫均在土中活动，取食播下的种子、幼芽、茎基，严重的咬断，植物因而枯死。在温室、大棚内由于气温高，蝼蛄活动早，加之幼苗集中，受害更重。

形态特征 成虫：体长30～35mm，灰褐色，腹部色较浅，全身密布细毛。头圆锥形，触角丝状。前胸背板卵圆形，中间具一明显的暗红色长心脏形凹陷斑。前翅灰褐色，较短，仅达腹部中部。后翅扇形，较长，超过腹部末端。腹末具1对尾须。前足为开掘足，后足胫节背面内侧有4个距，有别于华北蝼蛄。卵：初产时长2.8mm，孵化前4mm，椭圆形，初产乳白色，后变黄褐色，孵化前暗紫色。若虫：共8～9龄，末龄若虫体长25mm，体形与成虫相近。

生活习性 在北方地区2年发生1代，在南方1年1代，以成虫或若虫在地下越冬。清明后上升到地表活动，在洞口可顶起一小虚土堆。5月上旬～6月中旬是蝼蛄最活跃的时期，也是第一次为害高峰期，6月下旬至8月下旬，天气炎热，转入地下活动，6～7月为产卵盛期。9月气温下降，再次上升到地表，形成第二次为害高峰，10月中旬以后，陆续钻入深层土中越冬。蝼蛄昼伏夜出，以夜间9～11时活动最盛，特别在气温高、湿度大、闷热的夜晚，大量出土活动。早春或晚秋因气候凉爽，仅在表土层活动，不到地面上，在炎热的中午常潜至深土层。蝼蛄具趋光性，并对香甜物质，如半熟的谷子、炒香的豆饼、麦麸以及马粪等有机肥，具有强烈趋性。成、若虫均喜松软潮湿的壤土或沙壤土，20cm表土层含水量20%以上最适宜，小于15%时活动减弱。当气温在12.5～19.8℃、20cm土温为15.2～19.9℃时，对蝼蛄最适宜，温度过高或过低时，则潜入深层土中。

防治方法 参见种蝇。

大家鼠

学名 *Rattus norvegicus*（Berkenhout），属啮齿目、鼠科。别名：褐家鼠、沟鼠、挪威鼠、白尾吊、大老鼠。分布在全国各地，是家、野两栖的人类伴生种。

寄主 蔬菜、肉类、水果、糖果及含水较多的其他食品、食用菌等。在食物缺乏时才啃食柑橘树皮及果实等。

为害特点 大家鼠是栖息于人类建筑物内的鼠种，常盗食食品及杂物，且造成大量污染，室外捕食小鱼、小型啮齿类动物、幼鼠、昆虫及植物果实、种子等。有的咬食瓜类花托。啃食柑橘树干基部树皮时，把树皮啃食成长5～6cm不规则形，形成宽大的大疤，有的伤及木质部，影响树体水分和养分的运输，造成受害处对应的枝叶黄化。受害树皮不易愈合，有的还会发生流胶或腐烂。

形态特征 体形肥大，体长150～250mm，尾较短，耳朵短较厚，头小吻短。后足粗大，长35～45mm，后足趾间具一些雏形的蹼。乳头6对。体背毛棕褐色至灰褐色，毛基深灰色，毛尖棕色；腹毛苍灰色，毛基灰褐色，毛尖白色。尾上面黑褐色，尖端白色。此外，还在一些地区发现全黑色或全白

大家鼠

色的个体。头骨粗大，顶间骨宽度与左右顶骨宽度总和几乎相等。上臼齿具三纵列齿突，上颌第三臼齿的横嵴已愈合，呈"C"字形。齿式 $\dfrac{1,0,0,3}{1,0,0,3} = 16$。

生活习性 栖息地广，适应力强，多栖息于居民地及其周围。洞系结构规律性不强，凡是可以作为隐蔽场所的地方均可作窝。洞口一般为 2～4 个，进口只有 1 个，出口处有松土堆。洞道长 50～210cm，深 30～50cm。洞内具一个窝巢和几个仓库。在室内，大家鼠昼夜均可活动，且子午夜最活跃。室外只在夜间活动，黄昏和黎明前为活动高峰。善游泳、潜水、攀爬和跳跃。警觉性强，不轻易进入不熟悉的地区，不食不熟悉的食物。大家鼠不善贮存食物。繁殖力强，条件适宜全年均可繁殖，年繁殖 2～3 窝，每胎 1～15 仔，多为 6～8 仔，每年 4～5 月和 9～10 月为其繁殖高峰期。妊娠期 21 天左右，仔鼠 3 月龄时，达到性成熟，生殖力可保持 1.5～2 年，寿命可达 3 年以上。

防治方法 （1）用石灰浆涂刷树干或用双层棕片包裹树干预防鼠害。（2）树干上喷淋臭味大的、较浓的马拉硫磷或乐果可驱避大家鼠为害。（3）毒饵法。提倡用 0.005% 氟鼠灵毒饵，沿墙每隔 5m 设 1 个投饵点，每点 2～3 块，杀鼠效果好，无二次中毒。毒杀大家鼠时因大家鼠多疑，因此在投放毒饵前，先投前饵，6～7 天后再投后饵。室内每房间用量为 50～100g。果园每公顷 1500～3750g，采用封锁带式或 1 次性投饵技术。（4）放置竹筒毒饵站或塑料毒饵站控制鼠害经济、持久、高效、安全、环保，每 667m² 果园放置 2 个毒饵站，每个毒饵站用 0.005% 溴敌隆颗粒剂，前饵 150g，后饵 16g，防效可达 90% 以上。对人畜、家禽及鼠类天敌安全。（5）对被啃掉树皮的可用赤霉素或 2,4-D 加 30% 戊唑·多菌灵 600 倍液涂抹受害处树皮或疤痕，再用塑料膜包好，可使树皮愈合。（6）田间灭鼠可直接投饵每$667m^2$投放拜耳立克命$100 \sim 150g$，分$10 \sim 15$堆投放，投放于鼠洞附近及田边田埂等，每天检查，视取食情况补充毒饵，直到不再取食为止。

3. 果树害虫天敌及其保护利用

　　大自然孕育、繁衍了各种生命，又让其在缤纷的生态环境中，相互依存并展开漫长而可容忍的竞争，借以延续物种，保持种群数量的相对稳定。中国地域辽阔，海拔高度差异大，地理气候类型复杂，果树品种及其害虫种类繁多，天敌资源十分丰富。如何把自然界的天敌资源利用起来，充分发挥它们控制害虫数量、降低成灾频率、减轻危害程度的作用，是当前更是今后我国果树业持续发展之重要课题。果园害虫天敌的作用，并非人人都了解，前人在这方面做了大量探索，我们也进行了许多调查和研究，现简介于下，供读者参考。

　　（1）天敌昆虫控制果树害虫的一些实例。自然界调查佐证：据农业部全国植保总站资料，一些天敌保护利用工作搞得好的果园，蟥卵平腹小蜂对长吻蟥卵的寄生率8月份达50.6%～65%；异色瓢虫每头每日捕食橘蚜80～100头，当瓢蚜比1：500时，1周后有蚜叶率下降60%以上；蚜茧蜂寄生率20%～70%；黑软蚧蚜小蜂对红蜡蚧的寄生率4～5月达12%～90%，8月前后达32%～95%；20世纪80年代，贵州省都匀市郊无人管理的柚和金橘上，矢尖蚧金小蜂对越冬雌成虫的寄生率一般稳定在60%～75%，此类树矢尖蚧未见成灾；广东杨林华侨农场平塘分场个别椪柑园松毛虫赤眼蜂对拟小黄卷叶蛾卵的寄生率高达90%，虫口数量被控在很小的基值内；1990年，贵州省罗甸上隆茶果场内白粉虱和黑刺粉虱若虫寄生率高达72.6%～84.3%，甜橙叶片上处处是红色霉状物。两种粉虱在粉虱座孢菌的寄生下，一直处于轻为害不防治状态；浙江省调查，松毛虫赤眼蜂对橘园油桐尺蛾卵的寄生率达21.7%，并相对长久地保持自然平衡；重庆市郊9～10月凤蝶赤眼蜂对卵的寄生率在80%以上；贵州省三都县6～8月，凤蝶蛹金小蜂寄生率达65%～75%；福建省福州橘区松毛虫赤眼蜂、拟澳洲赤眼蜂6～8月对凤蝶卵的寄生率为42.9%～60.1%，6～7月蝶蛹金小蜂对蛹的寄生率达57.4%～69.3%。这都是凤蝶幼虫在大多数橘园危害轻的主要原因。

（2）人工繁育利用天敌的事例。据统计，全世界引进天敌控制害虫，取得成功并有较大影响的记录就达225例。美国是率先采用的国家：1889年从澳洲引进澳洲瓢虫，有效地控制了柑橘吹绵蚧的为害；1892年又从澳洲引进孟氏隐唇瓢虫，防治柑橘粉虱取得良好效果；1929年将新泽西州寄生于草莓卷叶蛾的优势天敌梨小赤茧蜂进行人工繁育，释放于梨园，显著减轻了梨小食心虫的蛀果为害率；1941年从日本引进康氏粉蚧短角跳小蜂和粉蚧三色跳小蜂，完全控制了康氏粉蚧的为害。加拿大1928～1933年，大规模饲放美洲赤眼蜂防治梨小食心虫，控制了此虫的危害。日本1925年从中国南方采集斯氏寡节小蜂，引入国内饲放，控制了黑刺粉虱；1931年由美国引进苹果绵蚜日光蜂，阻止了这种检疫性害虫的猖獗为害。20世纪50年代末期，贵州省黔南自治州农科所植保室引进澳洲瓢虫，释放防治吹绵蚧，当年就基本消灭了害虫。烟台地区1977年人工繁殖松毛虫赤眼蜂，防治苹果小卷叶虫达17万余亩，次年又利用赤眼蜂防治梨小食心虫5万多亩，效果良好，并兼治了刺蛾、吸果夜蛾等其他害虫。

（3）我国果树害虫的防治措施，可以说数十年来都以化学防治为主。使用化学农药防治病虫是果树植物保护中的常用方法。但化学农药的大量使用也带来了一些严重问题，如害虫抗药性增强、病虫害暴发频率增加、次要害虫上升为主要害虫、农药在农产品中残留及对果树生态环境的污染和破坏等，2001年年底我国已经加入"WTO"，现在世界农业正向生态农业、有机农业、无公害农业发展，世界发达国家对农产品中农药、化肥等有害物质的污染极为重视，我国无公害食品研究和生产的速度也是很快的，果树害虫的天敌及有益昆虫利用近几年发展很快，通过保护害虫的天敌或人工繁殖害虫的天敌，释放到果园，可直接降低害虫种群数量，发挥生物防治的作用，能替代部分化学农药或减少其使用次数与用量，减少环境污染。生产无公害果品，也可以配合使用高效、低毒、低残留的化学农药，但禁止使用高毒农药，有限制地选用中等毒性农药。全面贯彻"预防为主，综合防治"的植保方针，用现代经济学、生态学及环境保护的观点，对果树病虫害进行全面治理，从改善果园生态环境入手，加强农业管理，优先选用农业技术和生物防治法，尽量减少农药用量，改进施药方法，减少污染和残留，把果树病虫害控制在经济阈值以下。当前果树病虫害防治工作仍需做好以下几方面的工作。

一是认真研究主要害虫种群空间分布密度、为害烈期、寄主耐害损失与经济阈值之关系，确定防治指标、防治适期和施药次数，不能见虫就打，打保护药和预防药，不要随意提高药液浓度，虫口数量少时尽可能不施药。

二是充分利用农业技术措施防治害虫。例如柑橘大实蝇、橘实蕾瘿蚊、花蕾蛆和橘灰象等许多害虫，均各有一个虫态在表土层内越冬。冬季施肥时，结合翻埋表土就可以影响这些虫态的正常发育，间接起到有效的杀灭作用；在橘大实蝇危害严重、蛀果率高达50%以上的柑橘园，只要坚持毒饵诱杀成虫，彻底适时处理"三果"，坚持几年便可显著控制其为害；柑橘全爪螨等叶螨大发生时，用机压喷雾器结合浇水，冲洗叶片，虫量马上降低，短期难以恢复。对木虱、无翅蚜等也可采用这种办法。矢尖蚧危害严重的果园，夏季修剪或冬季清园时，把剪下的虫梢置于园周堆放不予烧毁，蚜小蜂等寄生天敌得以保护，对自然控制第1代为害十分有效；柑橘凤蝶、玉带凤蝶等大型幼虫，人手捕捉也是有效的。

三是必须使用化学农药时，首先应选择低毒高效、杀虫谱窄、对天敌安全系数大或杀伤力相对小的品种，施用浓度也应选择最低的有效倍数。噻嗪酮、炔螨特、噻螨酮、敌敌畏、敌百虫、机油乳剂、高脂膜等类似品种，都属优选之列。

四是有条件的地方，可用黑光灯或频振式太阳能杀虫灯诱杀、毒饵诱杀、性诱剂诱杀、辐射不育、昆虫核型多角体病毒、苏云金杆菌等措施防治害虫。

五是加强区域调查和标本采集，摸清当地天敌种类，制定行政保护措施和方法。只要思想上真正认识到天敌的重要性，持之以恒地在行动中予以保护，大自然就会非常公正地予以厚报。

六是改善果园生态条件建设，在果园中适当种植蜜源植物或牧草，改善天敌昆虫生存环境，增加食料来源，提高天敌种群数量，有条件的人工繁殖释放赤眼蜂、捕食螨等天敌昆虫，逐渐达到以益虫控制害虫的目的，逐渐取得相当于或略好于用化学农药防治病虫的效果。1994年福建省农科院植保所与英国国际昆虫研究所合作，引进国外已经成为商品的胡瓜钝绥螨，结合中国研制成功胡瓜钝绥螨人工饲料配方，建成我国年生产10亿只益螨的产业化基地，已形成生产、包装、储存、释放应用生产线，现已在全国大面积推广，为我国农产品进入国际市场提供生物防治途径，并大大推进我国果树可持续发展进程。

食虫瓢虫

澳洲瓢虫、大红瓢虫、小红瓢虫、食螨瓢虫、七星瓢虫、异色瓢虫、龟纹瓢虫等都是天敌昆虫，为捕食性瓢虫。属鞘翅目，瓢虫科。食虫瓢虫约占瓢虫科的3/4。各国利用瓢虫防治果树害虫已有数十种之多。

【防治对象】 成虫、幼虫捕食叶螨、蚜虫、介壳虫、粉虱、木虱、叶蝉等小型昆虫。

【利用方法】 （1）用澳洲瓢虫、大红瓢虫、小红瓢虫防治果树害虫吹绵蚧。4～6月移放到果园中心枝叶茂密、吹绵蚧多的果树上，每500株受害树，散放200头成虫，散放后2个月可消灭吹绵蚧。我国1955年从前苏联引进广州，效果好，

澳洲瓢虫捕食吹绵蚧

黑缘红瓢虫食害苹果球蚧

七星瓢虫成虫正在交尾

七星瓢虫幼虫取食蚜虫

此后移入广东、广西、贵州、四川、云南、湖北、湖南等省应用至今。（2）用孟氏隐唇瓢虫等小毛瓢虫防治粉蚧。散放在广东、福建防治柑橘、咖啡等粉蚧获得成功。（3）利用食螨瓢虫防治果树害螨。常用的有深点食螨瓢虫、广东食螨瓢虫、拟小食螨瓢虫、腹管食螨瓢虫。生产上华北用深点食螨瓢虫防治苹果叶螨。后3种分布于东南各省，年繁殖5～6代，成长若虫1天食害螨100～200头，生产上在4～5月和9～10月散放在柑橘树上，每（30～40）×667m^{2}中央10株放200～400头，可控制柑橘全爪螨。（4）利用七星瓢虫等防治果树蚜虫。食蚜瓢虫除七星瓢虫外，还有异色瓢虫、龟纹瓢虫、六斑月瓢虫。于4～5月间把麦田的上述瓢虫引移到果园，每667m²移入千头以上，可有效地防治果树蚜虫。也可在早春利用田间的蚜虫饲养繁殖瓢虫，然后散放到果园中控制果树蚜虫，效果好。

草蛉

草蛉是捕食性天敌昆虫，幼虫又称蚜狮，属脉翅目、草蛉科。已知有86属1350多种，中国有15属百余种，常见的有大草蛉、中华草蛉、叶色草蛉、晋草蛉等，分布在长江流域及北方各省。普通草蛉分布在新疆、河南、台湾等地。

草蛉成虫（放大）

草蛉幼虫捕食蚜虫

防治对象 草蛉成虫和幼虫捕食多种害虫的卵和幼虫，由于该虫食量大，行动迅速，捕食能力强，可用于防治果树叶螨、蚜虫、温室白粉虱等。晋草蛉嗜食螨类，可用于防治山楂叶螨和橘全爪螨、苹果叶螨等。大草蛉嗜食蚜虫，可用于防治果树蚜虫。

利用方法 可在上述叶螨、蚜虫初发时投放即将孵化的灰色蛉卵，挂带卵纸条，也可把蛉卵放入1%琼脂液中，用喷雾法施放。新羽化的成虫先集中大笼饲养，喂饲清水和啤酒酵母干粉加食糖混合（10∶8）的人工饲料，进入产卵前期转入产卵笼饲喂。每笼养雌草蛉50～75头，搭配少量雄虫，笼内壁围衬卵箔纸，24h可获草蛉卵700～1000粒，每天更换卵箔纸1次，添加清水和饲料。把卵箔装进塑料袋封口置于8～12℃条件下，可存放30天，卵仍可孵化。

赤眼蜂

赤眼蜂是卵寄生性天敌昆虫，是赤眼蜂科和赤眼蜂属昆虫的总称，属膜翅目、小蜂总科。我国应用较多的是松毛虫赤眼蜂、拟澳洲赤眼蜂、舟蛾赤眼蜂及稻螟赤眼蜂等。

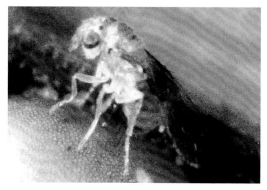

赤眼蜂成虫正在产卵

防治对象 生产上用于防治桃蛀螟、枣尺蠖、松毛虫、亚洲玉米螟、棉铃虫、大豆食心虫等。均以卵寄生。成虫把卵产在寄主卵内，幼虫取食卵黄后化蛹在卵中，引起寄主昆虫死亡。

利用方法 我国用米蛾、蓖麻蚕、柞蚕及松毛虫的卵，繁殖松毛虫赤眼蜂和拟澳洲赤眼蜂，这两种赤眼蜂在蓖麻蚕卵内，25℃发育历期10～12天，其中卵期1天，幼虫期1～1.5天，预蛹期5～6天，蛹期3～4天，每年可繁殖30～50代。繁殖时可从田间采集被赤眼蜂寄生的害虫卵，羽化后进行鉴定再饲养。用于寄生的蓖麻蚕卵先洗掉表面胶质，用白纸涂薄胶后，把蚕卵均匀黏上制成卵箔或称卵卡。繁蜂时把卵箔置于繁蜂箱透光的一面，当种蜂羽化30%～40%时接蜂。成蜂趋光并趋向蚕卵寄生。种蜂和蓖麻蚕卵的比约为2∶1或1∶1，适温25～28℃，相对湿度85%～90%为适。田间放蜂、繁蜂及防治对象的卵期应掌握恰当才能奏效。制好的蜂卡可在蜂发育到幼虫期或预蛹期时，置于10℃以下冷藏保存，50～90天内羽化率不低于70%。放蜂时，可把即将羽化的预制蜂卡，按布局分放在田间放蜂期中使其自然羽化，也可先在室内使蜂羽化再饲以糖蜜，然后到田间均匀释放。防治发生代数较多或产卵期较长的害虫时，应在害虫产卵期内多放几次蜂。

捕食螨

捕食螨是具有捕食害螨及害虫能力的螨类统称。如胡瓜钝绥螨、尼氏钝绥螨、巴氏钝绥螨、智利小植绥螨能有效地控制果园的叶螨。我国从20世纪70年代起开始利用尼氏钝绥螨、穗氏钝绥螨、东方钝绥螨、拟长毛钝绥螨，近年又引进了智利小植绥螨、西方盲走螨等。

尼氏钝绥螨捕食红叶螨

胡瓜钝绥螨（左）正在捕食苹果全爪螨

智利小植绥螨捕食多种果树上的害螨

释放纸袋中的捕食螨
防治多种果树害螨

防治对象 柑橘全爪螨等。捕食叶螨时，先用触肢探索，再用螯肢夹住，随后把口器插入叶螨体内吸食汁液，直至吸干为止。

利用方法 （1）先大量饲养叶螨，才能大量繁殖智利小植绥螨等，我国对几种钝绥螨的饲养繁殖，多采用隔水法，在瓷盆内垫泡沫塑料，上盖一层薄膜，饲料和钝绥螨放在薄膜上，盘中加浅水隔离，防止钝绥螨逃逸。（2）果园内种植益螨栖息植物（果实及豆类），增加其栖息场所和食料来源，注意合理灌溉，提高果园水湿条件和相对湿度，并加强测报，必要时进行挑治，以利益螨的繁殖，使益螨种群数量增加，维持益、害螨之间的数量平衡，把害螨控制在经济阈值允许的范围之内。我国江西柑橘园中已取得成功。（3）目前胡瓜钝绥螨、智利小植绥螨、尼氏钝绥螨、瑞氏钝绥螨、巴氏钝绥螨、长毛钝绥螨、加州钝绥螨用于防治柑橘、苹果、桃、梨、枣等果树及桑树、茶、棉花、玉米等农作物上的叶螨、锈壁虱、跗线螨、粉虱、蓟马等，配合其他综合防治措施可以不用农药或少用农药，减少农药残留，防治成本仅为常规化学防治的30%，提高产值5%～10%。用捕食螨防治害螨现已在全国20多个省、500个县市推广，2008年7亿只胡瓜钝绥螨还出口到荷兰和德国。

黑带食蚜蝇

黑带食蚜蝇（*Epistrophe balteata* De Geer）是食蚜蝇的一种。主要以幼虫捕食果树蚜虫、叶蝉、介壳虫、蓟马及蛾蝶类害虫的卵和初孵幼虫，是果树害虫的重要天敌昆虫之一。成虫喜食花蜜。幼虫蛆形，头尖尾钝，体壁上有纵向条纹，碰到蚜虫就用口器咬住不放，举在空中吸，把体液吸干后丢弃一旁，又继续捕食。每只幼虫一天可捕食蚜虫120头，一生捕食1400头左右。黑带食蚜蝇在华北、陕西一带年生4～5代，卵期3～4天，幼虫期9～11天，蛹期7～9天，多以末龄幼虫或蛹在植物根际处土中越冬，翌春4月上旬成虫出现，4月中、下旬在果树及其他植物上活动或取食。5～6月份各虫态发生数量很多。7～8月份蚜虫等食料缺乏时化蛹越夏，秋季又继续取食为害或转移至果园附近菜田、麦田、棉田或林木上产卵，孵化后继续取食蚜虫，秋后入土化蛹。

利用方法　捕食性食蚜蝇是消灭果树害虫的有效力量，今后保护利用的主要途径是：①招引和诱集；②人工繁殖和释放；③保护自然天敌。

黑带食蚜蝇成虫
（李裕嫦 摄）

黑带食蚜蝇幼虫

食蚜蝇成虫

螳螂

我国有50多种，常见的有广腹螳螂、大刀螳螂、中华螳螂，俗称砍刀，分布广。

防治对象 捕食蚜虫类、蛾蝶类、甲虫类、椿象类等60多种果树上的害虫。

利用方法 北方果区1年发生1代，以卵在树枝上越冬，每年5月下旬～6月下旬孵化为若虫，8月羽化为成虫，成虫交尾后雌成虫把雄成虫吃掉，9月后产卵越冬，成、若虫期100～150天，均可捕食害虫，若虫能跳跃捕食，1～3龄若虫

螳螂正在捕食害虫

捕食蚜虫，尤其是有翅蚜，3龄后嗜食鳞翅目幼虫。成螳螂可捕食各虫态害虫，且食量大，每只螳螂1生可捕食2000多只害虫。可进行人工繁殖后释放：螳螂产卵后，采集有螳螂卵的枝条，放在室内保护越冬，翌春待若虫孵化后向果园内释放，每667m^{2}释放300只。注意保护，果园用杀虫剂时不要用杀虫谱广的菊酯类农药。

粉虱座壳孢菌和红霉菌

防治对象 粉虱座壳孢菌又名赤座霉。主要寄生对象有柑橘粉虱、烟粉虱、桑粉虱、温室白粉虱等，其中对柑橘粉虱幼虫寄生效果最好，成为我国柑橘种植区防治柑橘粉虱的一大法宝，经济有效，颇受橘农欢迎。粉虱座壳孢菌系真菌，其孢子寄生柑橘粉虱幼虫后表面产生肉质子座，初白色略隆起，后逐渐变成猩红色，因此又叫猩红菌。子座大小为1.2～3.3mm，顶端有分生孢子器孔口，稍凹陷。分生孢子纺锤形，内生3～4个油球。该菌以菌丝在子实体上越冬，在高温、高湿条件下侵染及传播速度快，寄生率高达90%以上。

红霉菌主要寄生于多种介壳虫，如红圆蚧、黄圆蚧、褐圆蚧、糠片蚧、牡蛎蚧、长牡蛎蚧、矢尖蚧等，这些介壳虫都是

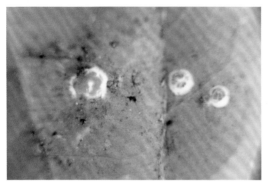

粉虱座壳孢子实体放大

柑橘生产上的重要介壳虫，尤其是华南、南亚热带尤为突出。红霉菌寄生于上述介壳虫后，初在介壳周围长出粉红色至紫红色的分生孢子座，后整个介壳虫上长满了红色肉质子座，造成介壳虫死亡。该菌以菌丝体在子实体上越冬，生产上湿度大或雨日多的季节阴湿的橘园易发生，其寄生率不如粉虱座壳孢菌高。

利用方法 两种寄生菌均可在麦芽汁琼脂、玉米粉、马铃薯、葡萄糖和琼脂培养基上生长和培养。生产上多用麦芽汁琼脂培养基进行发酵培养。具体要求：含糖量10%、琼脂（洋菜）20%，pH5.5～6.5，在24～25℃相对湿度80%～100%的发酵室内培养，培养5～7天后培养基表面长满白色菌丝，经25～30天就可制成菌剂。菌剂制好后据含菌量多少，对水喷雾即可防治上述粉虱和介壳虫，对水量按说明书。此外，生长季节也可在老橘园采有粉虱座壳孢菌的柑橘叶片，挂在柑橘粉虱发生重的橘园中，让其自然传播。也可把采下的叶片按1000个子座对水1L喷雾。

白僵菌

学名 *Beauveria* SPP.，属真菌界无性型真菌，是昆虫的主要病原真菌。国产白僵菌粉剂，每克含活孢子50亿～80亿个。

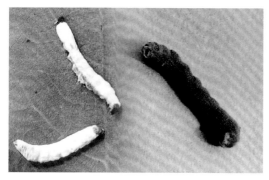
夜蛾幼虫被白（黑）
僵菌寄生状

防治对象 鳞翅目、鞘翅目、半翅目、同翅目、双翅目、直翅目、膜翅目等200多种害虫的幼虫。在果树生产上目前可用于防治桃小食心虫、刺蛾类、梨虎象、柑橘卷叶蛾、拟小黄卷蛾、褐带长卷蛾、后黄卷叶蛾、荔枝蝽等。

利用方法 （1）用于防治桃小食心虫，在桃小食心虫越冬幼虫出土和幼虫脱果初期，树下地面喷洒白僵菌粉（每平方米8g）与35%辛硫磷微胶囊剂（每平方米0.3mL）混合液，其防效相当于单用药剂。（2）防治柑橘卷叶蛾，于4～6月间拟小黄卷蛾、褐带长卷蛾低龄幼虫发生期和卵盛孵期，树冠和地面喷洒每克含50亿个白僵菌活孢子菌液300倍液，对控制当代幼虫为害有一定效果，对控制下代幼虫有很好效果。（3）防治荔枝蝽，于4～6月该蝽成虫、若虫发生时，树冠和地面喷每克含50亿个白僵菌的300倍液效果好。此外，也可用自然感染白僵菌而死亡的荔枝蝽尸体捣碎制液喷雾，效果亦好。

苏云金杆菌

苏云金杆菌是一种微生物源低毒杀虫剂，芽孢杆菌大小（1～1.2）μm×（3～5）μm，产生的抗菌物质以胃毒作用为主，该菌可产生两大类毒素，即内毒素（又称伴孢晶体）和外

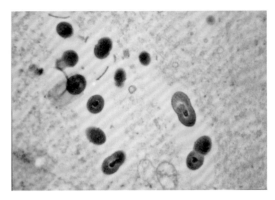

苏云金杆菌（Bt）

毒素，又称α、β和γ外毒素，其中以内毒素为主。害虫取食后在消化道中大量繁殖并产生毒素，伴孢晶体可使肠道在几分钟内麻痹，停止取食，最后害虫因饥饿和败血症而死亡。

防治对象 能杀死果树多种鳞翅目害虫的幼虫，如刺蛾类、卷叶蛾类、桃蛀螟、桃小食心虫、枣尺蠖、天幕毛虫、棉铃虫、银纹夜蛾、豆天蛾等，且对草蛉、瓢虫等捕食性天敌安全。苏云金杆菌是世界各国产量最大的杀虫剂，其制剂因采用原料和方法不同，有浅黄色或黄褐色或黑色粉末。剂型比较多，如100亿活芽孢/g苏云金杆菌悬浮剂或可湿性粉剂，防治上述害虫用800～1000倍液，或10%苏云金杆菌可湿性粉剂500～1000倍液或2000U/μL悬浮剂75～100倍液、4000U/μL悬浮剂150～200倍液或8000IU/mg可湿性粉剂300～400倍液、16000U/mg悬浮剂600～800倍液、32000U/mg可湿性粉剂1200～1600倍液。使用时加0.1%的洗衣粉，可提高防效。该杀虫剂害虫取食后2天见效，持效期10天。

昆虫核型多角体病毒（NPV）

核型多角体病毒（NPV）属杆状病毒科病毒，是一类能在

昆虫核型多角体病毒

昆虫细胞核内增殖的，具有蛋白质包涵体的杆状病毒。害虫通过取食感染病毒，而后病毒在害虫体内增殖，陆续侵染到虫体各部位，最后引起害虫死亡。该杀虫剂药效持久，不易产生抗药性，高效、低毒、使用安全，是生产无公害果品首选生物农药之一。我国已登记的核型多角体病毒已有8种，现以苜蓿银纹夜蛾核型多角体病毒为例介绍如下。

防治对象　对多种果树上的鳞翅目害虫都有好的防治效果，如银纹夜蛾、斜纹夜蛾、棉铃虫、大蓑蛾，在害虫发生初期或卵孵化盛期喷洒10亿PIB/mL苜蓿银纹夜蛾核型多角体病毒800～1000倍液，可有效控制上述害虫，5～7天后再喷1次。幼虫大多数在施药后4天开始发病，5～7天为发病高峰，5～6天开始病死，6～8天为病死高峰。因此应在1～2龄时施药，能更好地发挥病毒作用，达到事半功倍的防治效果。

食蚜瘿蚊

学名　*Aphidoletes* sp.，属双翅目瘿蚊科。分布在北京、湖北、河南、陕西。

防治对象　主要捕食棉蚜和其他蚜虫。食蚜瘿蚊：体长1.4～1.8mm，体形似蚊，触角念珠状14节，每1鞭节缢缩成2结节。翅透明，前缘脉粗壮，被鳞片，第1、第3纵脉间无

食蚜瘿蚊幼虫捕食蚜虫

横脉。幼虫：橘黄色，体分13节，头部明显，触角长；胸部3节；腹部9节，末端有8根刺，幼虫共3龄。蛹：橘黄色，老熟幼虫最后脱下的皮构成围蛹。

利用方法 食蚜瘿蚊以幼虫结茧在蚜虫寄主附近的土表下越冬，于翌年3～4月间化蛹，成虫羽化后在有蚜虫的树木等早春寄主上产卵繁殖，4月中、下旬进入第1代成虫产卵盛期，5月中、下旬为第2代成虫产卵盛期，可在香蕉上见到幼虫捕食棉蚜、交脉蚜。成虫行动灵敏飞翔迅速，喜在密集的叶背或嫩茎上产卵，幼虫孵化后即可捕食初生若蚜，长大后捕食成蚜。用口钩抓住蚜虫腹部或足等处，吸食体液。该瘿蚊对化学农药特别敏感，发生期应暂停使用广谱杀蚜剂。

日本方头甲

日本方头甲是最重要的捕食性天敌，属鞘翅目、方头甲科。成虫：椭圆形，长0.8～1.1mm，体背漆黑色有光泽无绒毛。头近长方形，口器、触角及足黄褐色。雌成虫全体黑色，仅前胸部腹面黑棕色，雄成虫头、前胸背板浅黄色或深褐色至黑褐色。幼虫：初孵幼虫肉红色，老熟幼虫体长2mm，头、胸

日本方头甲成虫、幼虫取食桑白蚧

足黑褐色，余黄褐色。

防治对象 主要捕食矢尖蚧、褐圆蚧、黑点蚧、糠片蚧、桑盾蚧、红圆蚧、柿绵蚧、琉璃圆蚧等，还可捕食柑橘叶螨。

利用方法 日本方头甲年生3～5代，以成虫越冬，翌年3月成虫开始活动，气温高于16℃开始产卵，每只产卵37～49粒，10月中、下旬气温20℃时停止产卵。卵多产在介壳虫的雌介壳下，幼虫多在矢尖蚧的雄虫群中活动和取食，并破坏雄虫介壳致其死亡。日本方头甲可用马铃薯来饲养桑盾蚧繁殖，繁殖温度20～25℃和每日12h以上光照条件，桑盾蚧繁殖快，繁殖量大。还可用南瓜在25℃和60%～85%相对湿度条件下饲养梨圆蚧和桑盾蚧来进行繁殖。田间释放时按日本方头甲与矢尖蚧比为1∶（100～200）的益害比释放日本方头甲，经济效益好。天敌释放后果园不施有机磷和拟除虫菊酯类广谱杀虫剂，以免伤害天敌。

蜘蛛

蜘蛛种类多，种群数量大，属蜘蛛纲、蛛形目，分属不同

盗蛛捕食害虫

三突花蛛正在捕食灰蝶

的科。我国有 3000 多种，现已定名的有 1500 多种，其中 80%
生活在果园中，是果树害虫的主要天敌。如三突花蛛、草间小
黑蛛、拟水狼蛛、八斑球腹蛛、黄斑圆蛛、线形猫蛛等。

防治对象 蜘蛛可捕食鳞翅目、同翅目、直翅目、半翅
目、鞘翅目等多种果树害虫，如蚜虫、蝶类、毛虫类、椿象、
叶蝉、飞虱、卷叶蛾等多种害虫的成虫、幼虫及卵。

利用方法 蜘蛛寿命长，大型蜘蛛寿命可达多年，小型
蜘蛛也在半年左右，进行两性生殖，雄蛛体小，出现时间也
短，通常见到的多是雌蛛，抗逆性强，耐高温、低温和饥饿，
是肉食性动物，行动敏捷，性情凶猛，专食活体，被它看见的

猎物很少能脱逃。蜘蛛分织网和不织网两大类,结网的在地面土壤间隙做穴结网,也可在草丛间、树冠上结网,捕食被网粘住的害虫。不结网的蜘蛛多在地面上游猎,捕食地面和地下害虫,也可在树上、草丛、水面或墙壁等处猎食,捕食时先用螯肢刺入活虫体内,注入毒液,然后取食。利用时要创造适于蜘蛛生存的条件,尤其注意不要破坏蜘蛛结的丝网,收集田边、沟边杂草等处的蜘蛛,助其迁入果园。人工繁殖时,帮助繁殖母蛛越冬,待其产卵孵化后,分批释放到果园。也可在2~3月份田间收集越冬卵囊,冷藏在0℃左右低温条件下,经40天对孵化无影响,待果树发芽后放进果园。防治害虫时不宜用广谱菊酯类农药。

食虫椿象

主要有海南蝽、茶色广喙蝽、东亚小花蝽、黑顶黄花蝽、白带猎蝽、褐猎蝽等,均属半翅目、蝽总科,是果树害虫天敌的一大类群,种类很多。

防治对象 以成、若虫捕食凤蝶、蚜虫、叶螨、蚧类、叶蝉、蓟马、椿象的卵或低龄幼虫。食虫椿象多无臭味,喙坚

一种捕食性蝽正在捕食幼虫

光肩猎蝽成虫

小花蝽正在捕食叶螨

硬似锥，前部向前延伸，弯曲成钩状，不紧贴头下。北方果区食虫椿象1年发生4代，发生在4～10月，幼虫孵化后即可取食，专门吸取害虫卵汁及幼虫或若虫体液，捕食能力强，1只小黑蝽成虫，每日捕食叶螨24只，卵20粒，蚜虫27只，以雌成虫在果树枝干的翘皮下越冬，翌年4月开始取食。

利用方法 （1）果园内注意招引或诱集食虫椿象。（2）人工繁殖或释放。

上海青蜂

上海青蜂，学名为 *Chrysis shanghaiensis* Smith，成虫体长

上海青蜂

9 ～ 11mm，雌蜂黑色，有绿、蓝、紫等金属光泽。单眼黄色，单眼座黑色，向后延伸成三角形。复眼赭色，触角基部绿色，余黄色。前胸背板绿色，中胸盾片中央深紫色。翅脉深褐色，翅黑色有金属光泽。雄蜂腹部大部分紫蓝色，其余同雌蜂。

防治对象 果树刺蛾。以幼虫寄生在刺蛾茧内蛰伏越冬，翌年4 ～ 5月间成虫羽化交尾，寻找刺蛾幼虫茧产卵，该蜂先在茧上咬一圆孔，把产卵管插入茧内刺蜇幼虫，并分泌毒液，使幼虫麻痹，再在刺蛾幼虫体上产1粒卵，产后仍把产卵孔封闭，蜂孵化后在刺蛾幼虫体外取食体液。该蜂1年发生2代。如果1个刺蛾茧内产卵多粒，孵化的幼虫龄期不同时，大龄幼虫会咬食青蜂小幼虫。

利用方法 同食虫椿象。

食虫鸟类

食虫的鸟类我国约有600多种，常见的有黄鹂、灰喜鹊、大斑啄木鸟、大杜鹃、燕子、大山雀、柳莺等。

防治对象 上述鸟类可啄食叶蝉、叶蜂、蚜虫、木虱、椿象、金龟甲、蛾蝶等害虫，果园内所有害虫都有可能被鸟啄食，对害虫的控制作用不可低估。如大山雀在山区、平原果园

黄鹂报春

八色鸟

及灌木丛中飞翔和跳跃，且在树洞中筑巢，1只大山雀每天捕食害虫的数量相当于其体重。大杜鹃喜栖息在开阔的林地，喜欢啄食毛虫类，如刺蛾幼虫，1只成年杜鹃1天可捕300多只大型害虫。大斑啄木鸟，体上黑下白，尾下红色，在树上活动时，边攀登，边用嘴快速叩树，发现有虫即快速啄破树皮，用舌钩出害虫吞入口中，主要捕食天牛等鞘翅目害虫，食量很大，每天可取食1000～1400只。灰喜鹊喜把巢建在果园或林中，以金龟子、刺蛾、蓑蛾为食，1只灰喜鹊全年可吃掉1.5万只害虫。

利用方法 （1）教育青少年，要保护鸟巢、鸟蛋，不要用弹弓击鸟。（2）在果园内设鸟巢箱，招引鸟类进园，冬季或雪后在园中给饵，干旱地区给水，果园中种植益鸟食饵植物。（3）减少使用广谱杀虫剂，以免误伤食虫益鸟。

附录1　草莓精品果的生产

　　草莓进入结果期后，如何生产出精品果是最重要的。生产上一旦出现管理跟不上，很容易影响草莓果实品质，出现果实大小不一、色泽暗淡、畸形果多等早衰现象。那么怎样才能生产出精品果呢？支撑精品果主要靠品牌，而支撑品牌的就是产下果实的质量。草莓口感上去了，果形美丽、颜色鲜亮有光泽，价格可高出 1 ~ 3 倍或更高。关键是抓住细节，防止生理病害、病理病害发生。比如山东省莒南县多采用半粗放的管理方法进行草莓密植，每亩定植近2万株，任其给果以追求最大产量，管理的重点是确保前期草莓个头，卖精品果。（1）搭配授粉品种。种植单一草莓品种可自花结实，但为了提高坐果率、减少畸形果，尤其是花粉稔性（生命力）低的品种应与花粉量大、花粉稔性高的品种混植。日前草莓生产上如丰香、明宝、宝交早生、全明星、硕丰等品种的花粉稔性都极高，可与果实品质优但花粉稔性低的品种混植。山东省临沂市的孙家甫2016

草莓精品果的生产

年他一个棚里种了两个品种，一个是"将军"，一个是"拉松6号"，而且是穿插种植的，也就是说在定植时，隔二三十行换一下品种。这样两个品种套种，在授粉时就会互相串粉，互相授粉后结出来的草莓，要比两个品种本身的果实个头都要大。再有，"将军"这个品种果实转色较快，上下同时转色，而"拉松6号"转色从果实底部开始，顶青底红，套种后草莓转色好。另外，"将军"比"拉松6号"要早熟7～10天，大家都知道，最先成熟的草莓个头要大一些，而等到"拉松6号"开始上市时，"将军"已经卖了近天，再成熟的果实个头都比较小，而"拉松6号"这时成熟的都是初期个头最大的草莓，这样掺在一起卖，小果也能卖"拉松6号"大果的价格。（2）做好花期温湿度调控。棚内温湿度是否适宜对开花坐果影响很大。花期湿度太大，温度过低，不利于开花和授粉；湿度太小，温度过高，则会缩短花粉的寿命，不利于坐果。一般来说，大棚草莓花期要求日平均温度10℃以上。孙家甫的做法是，一般草莓进入开花期，棚温要保持在25～30℃之间，这样草莓花会开得比较低，开得也大，同时能够保证蜜蜂的工作积极性，保证草莓的授粉，但是在盛花期过后，大部分花都凋谢之后，也就是第三、四个果长到蒜瓣大小的时候，棚温要降下来，保持在20℃左右，最好不要超过这个温度。因为，草莓进入膨果期，温度高了草莓膨大快，上市也早，但是大多是空心果，长得快却没有产量，温度保持在20℃之内，虽然果实膨大速度慢，成熟要晚，但是草莓最终的个头要更大，而且都是实心果，重量要高出很多，产量自然要高出很多。再者，要控温自然要通风，风口开得大，棚内湿度就小，可以减少病害的发生。（3）放养蜜蜂。设施栽培草莓，放养蜜蜂辅助授粉是一项重要的花果管理措施，可明显减少畸形果的发生。放养蜜蜂在整个花期进行。蜜蜂一般在气温18℃以上开始活动，20～26℃为活动最适温度，晴天蜜蜂活跃，低温及阴雨天表现迟钝。放养蜜蜂量以每667m²放置2个蜂箱为宜。在设施内放养蜜蜂应注意以下几点：①棚室内采用多重覆盖时，揭中、下棚覆盖物要放到底，不能留一半揭一半，否则在蜜蜂飞行时会钻到薄膜夹缝中被夹死。②降低棚室内的湿度，尤其在长期阴雨天气后棚内湿度大，棚膜上聚集的水滴多，晴天后蜜蜂外出飞行困难或易被水打落死亡。阴天骤晴要加大通风口散湿，蜂箱内放人石灰瓶等干燥剂降湿。③冬季及早春蜜源少，要加强饲喂，选择白砂糖与清水比例为1∶1熬制，冷却后饲喂。④在防治草莓病虫害时，要选择对蜜蜂无毒或毒性小的农药，喷药时关闭好蜂箱孔将蜂箱搬至室外。为了保证授粉效果，还应特别注意三点：一是在蜜蜂进棚前一周，不宜喷撒任何农药，否则会影响蜜蜂的正常活动，蜜蜂不能正常采蜜，影响授粉。二是必须保证合适的温度。蜂群授粉对温度的要求比较严格，温度适宜蜂群活动，出勤率高，授粉传粉作用效果好。我们通常用的蜂群在15～25℃左右比较好。低于8℃蜜蜂不出巢，高于28℃花粉生命力大打折扣，坐果率严重降低。三是把握好蜜蜂的进棚时间。蜜蜂进棚过早，提早活动，尤其是有幼蜂需要喂养时，蜜蜂会扒开未开放的花朵，造成花柱受伤，严重影响后期的坐果率；进棚过晚，蜜蜂活性差，出勤率低，有可能会错过盛花期，也会影响授粉效果。一般来说，以开花前3～4天进棚，适应棚内的温湿度，但应隔离树体与蜂箱，避免花朵未开前受到破坏。（4）适度疏蕾。草莓以先开放的低级次花结果好，果个大，成熟早，价格高。随着花序级次增高，开花后不能形成果实而成为无效花，即使有的形成果实，也由于太小无采收价值而成为无效果。因此，应在花蕾分离至一级或二级序花开放时，根据限定的留果量，疏除后期未开的花蕾。（5）防治病虫害。为防止花期发生草莓叶斑病、草莓白粉病和草莓灰霉病，可喷布50%多菌灵可湿性粉剂500倍液、70%甲基托布津可湿性粉剂1000倍液、20%粉锈灵乳剂1500倍液等。防治蚜虫，可喷布50%抗蚜威可湿性粉剂2000～3000倍液；防治红蜘蛛，宜喷布5%尼索朗乳油2000倍液。

附录2 用了植物激素的草莓能吃吗?

北京晚报（马冠生）

动物的生长发育需要靠体内的激素进行调控,植物亦是如此,也会合成各种植物激素,负责调控发芽、生根、开花、结果、休眠、脱落等过程。植物激素包括生长素、赤霉素、细胞分裂素、脱落酸、乙烯等。一旦植物激素的合成发生障碍,就会影响其正常的生长发育。

随着各类植物激素的结构和作用被研究清楚,我们已经可以提取或人工合成某些植物激素或结构类似物,人为调控植物的生长发育过程,这些物质被称为植物生长调节剂,又称植物激素。

1.蔬菜水果为啥要用植物生长调节剂？

植物激素的正常合成依赖于一定的条件，包括适宜的光照、温度、湿度等。然而很多时候，这些条件并不尽如人意。当植物自身的激素合成紊乱时，就会影响生长和结果。

有了植物生长调节剂，种植蔬菜水果就不用"看天吃饭"了，当气候等原因造成植物自身激素合成不足时，就可以人为施用一些植物生长调节剂加以弥补，有效调节植物的生长发育过程，达到稳产增产、改善品质等目的。

目前在农业领域应用的植物生长调节剂主要有胺鲜酯（DA-6）、氯吡脲、复硝酚钠、赤霉素和乙烯利等。

2.畸形草莓就是激素草莓吗？

网上流传着很多识别"激素草莓"的方法，包括看个头大小、是否空心、果实形状等，其实都是不靠谱的。

草莓的个头大小主要是由品种决定的，空心也是某些草莓品种的特点，而果实畸形大多是授粉不良和温度过低等原因造成的，由此判断有没有使用植物激素并不科学。

植物生长调节剂只是用来弥补植物自身激素合成的不足，而非网友们臆想的"神药"，它无法改变植物的品种属性，并不能对植物进行脱胎换骨的大改造。

3.用了植物激素的草莓还能吃吗？

很多人一听"激素"两个字就紧张，特别是家里有小孩的，生怕吃多了这种激素影响孩子的正常发育。然而，这种担心实在是多余的，植物激素跟人体内的激素完全是风马牛不相及的东西。

而且，激素只有跟体内的激素受体结合以后才能发挥生理作用，我们体内压根儿没有植物激素的受体，吃进去的植物激素在体内无法产生效应，跟传说中的"性早熟"、"肥胖"等副作用更是八竿子打不着。

植物生长调节剂在我国虽然按农药进行管理，但跟用于除草杀虫的农药相比毒性较低，而且使用时具有自限性，用多了不仅不会增强效果，还会起到不利作用。合理使用植物生长调节剂的水果可以放心吃。

附录3 精品草莓生产如何合理使用植物生长调节剂（植物激素）

　　要想生产精品草莓需先把草莓株高培养成20cm，草莓和其他果树一样也会合成各种植物激素，负责调控发芽、生长、开花、结果、休眠、脱落等过程。草莓需要的激素包括生长素、赤霉素、细胞分裂素、脱落酸、乙烯利等植物生长调节剂，又叫植物激素。植物生长调节剂正常合成依赖于一定的条件，包括温度、湿度及光照等。在田间很多时候草莓自身的植物生长调节剂合成出现紊乱时，就会影响草莓的生长和结实。有了植物生长调节剂，种植草莓就可改变"看天吃饭"了，当气候等原因造成草莓自身激素合成不足时，就可以人为施用一些植物激素加以弥补，有效调节草莓的生长发育过程，做到草莓株高达标，达到生产精品草莓，改善品质的目的。目前农业上应用的植物生长调节剂有氯吡脲、赤霉素、乙烯利、胺鲜酯、复硝酚钠等。

1.草莓的匍匐茎生长需要植物激素调节方法

草莓匍匐茎由茎的腋芽萌发生成，一般在坐果后及采收后，匍匐茎第一节上形成苞片和腋芽，腋芽保持休眠状态，第二节上生长点分化出叶原基，在有2～3片叶显露时开始形成不定根，扎入土中，形成一级匍匐茎苗孕育分化同时，其叶腋间腋芽又产生了新的匍匐茎，同样在第一节上的腋芽保持休眠，第二节上生长点继续分化叶原基。进行多级网状分生，可产生大量匍匐茎苗，其顶芽多数能在当年形成花芽，来年开花结果。这是草莓生产上普遍采用的常规育苗繁殖方法，匍匐苗数量因品种而异。一般低温需求量多的寒地品种，如全明星、哈尼等匍匐茎发生较少；要求低温期短的暖地品种，如宝交早生、女峰等发生匍匐茎较多。生产上可以应用赤霉素促进顶花伸长。促进草莓匍匐茎生长对于匍匐茎发生少的品种，可在母株成活长出3片新叶后喷1～2次赤霉素50mg/L，每株喷10mL，能有效地促进草莓茎的发生量，扩大种苗繁育数量。有人试验"红颊"草莓，于4月28日、5月8日对植株喷2次赤霉素20mg/L，一级匍匐茎发生21.7个，比对照增加8.5%；二级匍匐茎发生18.7个，比对照增加59.8%；同时提早了7天。

2.促进草莓顶花序伸长的方法

在保护地种植的"丰香"草莓，9月中旬定植后，在顶花序现蕾初期，喷洒1次10mg/kg赤霉素，10天后再喷1次，共喷2次，能有效地促进丰香草莓顶花序伸长。鲜果采收期提前13天，2月底前的草莓鲜果产量增加44.6%，前期草莓鲜果烂果数仅是对照的8.5%，经济效益显著。

3.草莓打破休眠促进花芽分化的方法

草莓花芽分化后，在晚秋初冬气温更低、日照更短条件下，植株进入休眠状态，表现是新叶小、叶柄短，形态矮化，虽然能开花结果，但不发生匍匐枝。草莓休眠期始于花芽分化后一段时间。一般至11月中下旬进入休眠最深时期。休眠以后需经历不同低温时数才能打破休眠期。北方品种休眠时数长，休眠深。南方品种不休眠或休眠浅，需要低温时数短。生产上在休眠后期处理可以提早打破休眠，恢复生长并开花结果。

草莓是短日照植物，低温和短日照诱导草莓开花，在自然条件下，草莓在夜温约17℃以下，日照少于12h能诱导花芽分化，经9～16天即能形成花芽，赤霉素对草莓成花影响大，赤霉素浓度越高，茎和叶柄也越长，匍匐茎发生量大，而成花过程所受到的抑制也越深，其效果与长日照处理类似。现在草莓生产上都用赤霉素来解除休眠，促进发育，提高产量，促使草莓匍匐茎发生。处理时处理的时期一定要掌握好，生产上在生长点肥大开始期处理最好，早了无效果出现。过迟则有副作用，对半促成栽培品种，从新芽开始萌动起到花蕾开始发育期为处理适期，若处理太迟或处理后温度过高，产生畸形果率高。

在福田、红鹤两品种的花芽分化前期，喷25～50mg/L赤霉素后，福田提早5～7天分化花芽，红鹤提早10天。在花芽分化初期生长点肥大时喷50mg/L赤霉素，使福田提早7天开花。

生产上对草莓进行早熟促成栽培时，抑制草莓休眠和促进开花的最佳时间为第2、第3序花的花芽分化以后，以早为好。一般在10月底至11月初喷赤霉素10mg/L，能使草莓在开始收获时保持最佳株高20cm左右，收获期提前20～30天，产量和品质均达最佳状态。

4. 草莓果实发育的激素调控方法

草莓果实前期生长快，主要由细胞的迅速分裂引起；进入中期生长发育变缓，此期进入种子的发育、成熟期；在外观上观测到果实体积变化不大，之后又进入迅速发育增长期，这时主要是细胞体积的增大和内含物的迅速增加，尤其是可溶性糖含量增加为主，这时草莓已接近成熟。草莓果实是由膨大的花托发育而形成的，种子则覆盖在花托外围。草莓果实的发育受生长素调节，草莓种子在开花后第4天就含有生长素了，而肉质花的花托在花后第11天才有少量的游离生长素；种子和肉质花托中的生长素在草莓果实白熟期达到高峰，然后肉质花托中的快速下降，而种子中的缓慢下降，直到果实变红。这说明肉质花托中的生长素源于种子（又叫瘦果）。经过代谢转化，参与调节果实的发育过程。

在草莓果实中，发育后期种子提供的生长素的量逐渐下降，这是果实成熟的基础。将成熟绿色果实的种子去除则加速了果实的后熟进程；用人工合成的生长素萘乙酸处理除去种子（瘦果）的绿果膨大期或白果期果实，则果实色泽发育延迟。说明前者的果实后熟进程明显受到抑制，这也说明生长素对草莓果实的成熟起负调控作用。生产上赤霉素会有助于调控果实的外形和生长，白果期及转色期草莓果实经一定浓度赤霉素处理后表明，赤霉素对草莓果实的成熟起抑制作用。但在草莓露地栽培时，从3月中旬开始用10mg/L赤霉素药液，每隔7天喷洒1次，共喷3次，可增加草莓早期产量和总产量，或在开花期每隔7天喷洒植株1次，可增加产量22.9%，果形呈长方形，品质好。此外促进果实发育，改善草莓果实品质还可选用氯吡脲（CPPV），主要作用是增厚叶片，增加结果个数和提高产量。处理时间为草莓花期，使用浓度为5～10mg/L。生产上用5～40mg/L表现出随处理浓度升高，效益增强的状况。

附录4 果树使用植物生长调节剂（植物激素）六要点

近年来，笔者在农药销售市场上发现植物生长调节剂，又称植物激素品种繁多，使人眼花缭乱。又在果区发现好多果农乱使用植物生长调节剂，没有达到预期效果，甚至造成损失，得不偿失。为了引导果农正确、科学使用植物生长调节剂，经过实践、探索和总结，现提出果树上植物生长调节剂使用六要点。

1.对症选用

植物生长调节剂根据作用主要分为2大类：一是促长剂（包括膨大剂），常用的有生长素（IAA）、赤霉素（GA_3）、细胞分裂素（6-苄基腺嘌呤）、碧护强壮剂、益果灵（噻苯隆）、葡丰灵、丰收素（复硝钠）、乙烯利（乙烯磷）、奇宝（赤霉酸）、保美灵（苄氨、赤霉酸）、吡效隆等；二是抑制剂，常用的有15%多效唑（PP333）、矮壮素（CCC）、调节磷（氨基甲酰基膦酸乙酯铵盐）等。各种植物生长调节剂都有它独特的作用和使用方法。因此，只有对症选用植物生长调节剂，才能起到事半功倍的效果。例如，树势很弱，可用生长素促长；树势过旺，可用15%多效唑抑制生长。5～7月，给猕猴桃连续喷3次碧护15000倍液，能促进花蕾生长发育，果个增大，平均单果重达125g，可提高产量21%以上。用15mg/L萘乙酸（NAA）

溶液对苹果树和梨树、草莓、葡萄、柑橘、樱桃、桃、李、杏、枣、柿、核桃、板栗、猕猴桃等多种果树上喷雾，既能疏花疏果，又能防止采前落果。用20mg/L萘乙酸溶液浸泡果树苗根系，能促进根部早发多发新根，提高果树栽植的成活率。

2.掌握浓度

根据专家科学试验和生产实践，各种植物生长调节剂都有它科学而合理的使用浓度，只有按照规定的浓度去使用，才能取得理想的效果。使用浓度不同，其作用不同。例如，奇宝要拉长红地球葡萄果穗时，使用浓度为40000～50000倍液；增大果粒时，使用浓度为10000～20000倍液；用PBO提高冬枣坐果率时，使用浓度300倍液，效果最好；使用吡效隆100mg/L处理早红葡萄，提高坐果率和使果粒增重，效果最佳。

3.适量应用

使用植物生长调节剂要适量，不能随意加大用量和使用次数。一般应严格按照使用说明去应用，千万不可随心所欲、马马虎虎去操作。例如生长素在葡萄上使用过多，容易引起枝蔓疯长，不利于生殖生长。赤霉素在葡萄果粒上使用过多，就会导致果粒大小不均匀，又会产生裂果现象，如果在苹果树上连年使用15%多效唑可湿性粉剂，就会使苹果树生长受阻，未老先衰，容易形成"小老树"。

4.旱时慎用

一般使用植物生长调节剂，在正常天气情况下使用效果比较好。如果天旱已久，既是大气干旱，又是土壤生理干旱，这时再继续给红地球葡萄果粒喷施膨大剂，就会产生裂果现象，给病害发生提供了有利条件。因此，天旱时要慎用膨大剂。可先给葡萄园灌水，等待田间持水量达75%以上时，再喷施膨大剂，一般不会产生裂果现象。

5.提倡混用

实践已证明，植物生长调节剂与大多数农药、化肥混用，可增强使用效果。它与酸性农药，与尿素、磷酸二氢钾、丰收素、喷施宝、叶面宝、多收液、微肥素等混合喷施，效果都很好。如果要与新农药、新化肥混用，应当在混用前先做试验：将植物生长调节剂和新农药、新化肥各取一点样品，先放人同一容器中，配制成混合溶液，进行观察，如果没有浮油、絮结、沉淀或变色、发热、产生气泡等现象发生，就可放心去混合使用。

6.科学用植物激素

从目前农药市场上来看，植物生长调节剂又叫植物激素使用过多，虽然能够增大果个，但是会产生一些副作用，有的着色不良，有的风味太淡，不好吃，不受消费者欢迎。所以建议广大果农今后除了调控树势，促使成花、育苗、促根、处理果实无籽化等方面应用植物生长调节剂以外，在膨大果实方面要科学使用植物生长调节剂。为了提高产量和保持果实原有的风味品质，可采用以下技术措施：一是多施有机肥，有机肥养分全面，又能改良土壤结构，调节土壤水肥气热，是提升果实风味品质的根本措施；二是多施钾肥和中、微量元素复合肥，既能增大果个，又能提高品质；三是给幼果上可喷施新型植物生长剂，例如益植素（稀土）等，达到膨果、保质、增色、耐储的目的，从而提高经济效益。（张建奇）

附录5 农药配制及使用基础知识

一、农药基础知识

（一）常用计量单位的折算

1.面积

1公顷＝15亩＝10000m²。

1平方公里＝100公顷＝1500亩＝1000000m²。

1亩＝666.7 m²＝6000平方市尺＝60平方丈。

2.重量

1t（吨）＝1000kg（公斤）＝2000市斤。

1kg（公斤）＝2市斤＝1000g。

1市斤＝500g。

1市两＝50g。

1g=1000mg。

3.容量

1L＝1000mL（cc）。

1L水＝2市斤水＝1000mg（cc）水。

（二）配制农药常用计算方法

1.药剂用药量计算法

（1）稀释倍数在100倍以上的计算公式：

$$药剂用药量＝\frac{稀释剂（水）用量}{稀释倍数}$$

[例1]需要配73%克螨特乳油2000倍稀释液50L，求用药量。

$$克螨特乳油用药量=\frac{50}{2000}=0.025L（kg）=25mL（g）$$

[例2]需要配制50%多菌灵可湿性粉剂800倍稀释液50升，求用药量。

$$克螨特乳油用药量=\frac{50}{800}=0.0625kg=62.5g$$

（2）稀释倍数在100倍以下时的计算公式：

$$克螨特乳油用药量=\frac{稀释剂（水）用量}{稀释倍数-1}$$

2.药剂用药量"快速换算法"

[例1]某农药使用浓度为2000倍液，使用的喷雾机容量为5kg，配制1桶药液需加入农药量为多少？

先在农药加水稀释倍数栏中查到2000倍，再在配制药液量目标值的附表1列中查5kg的对应列，两栏交叉点2.5g或mL，即为所需加入的农药量。

[例2]某农药使用浓度为3000倍液，使用的喷雾机容量为7.5kg，配制1桶药液需加入农药量为多少？

先在农药稀释倍数栏中查到3000倍，再在配制药液量目标值的表列中查5kg、2kg、1kg的对应列，两栏交叉点分别为1.7、0.68、0.34（1kg表值为0.34，0.5kg为0.17），累计得2.55g或mL，为所需加入的农药量，其他的算法也可依此类推。

（三）农药的配制及注意事项

除少数可直接使用的农药制剂外，一般农药都要经过配制才能使用。农药的配制就是把商品农药配制成可以施用的状态。例如，乳油、可湿性粉剂等本身不能直接施用，必须对水稀释成所需浓度的喷施液才能喷施。农药配制一般要经过农药和配料取用量的计算、量取、混合几个步骤。

附表1　配制不同浓度药液所需农药的快速换算表

加水稀释倍数	需配制药液量(升、千克)								
	1	2	3	4	5	10	20	30	40
	所需药液量(毫升、克)								
50	20	40	60	80	100	200	400	600	800
100	10	20	30	40	50	100	200	300	400
200	5	10	15	20	25	50	100	150	200
300	3.1	6.8	10.2	13.6	17	34	68	102	136
400	2.5	5	7.5	10	12.5	25	50	75	100
500	2	4	6	8	10	20	40	60	80
1000	1	2	3	4	5	10	20	30	40
2000	0.5	1	1.5	2	2.5	5	10	15	20
3000	0.34	0.68	1.02	1.36	1.7	3.4	6.8	10.2	13.6
4000	0.25	0.5	0.75	1	1.25	2.5	5	7.5	10
5000	0.2	0.4	0.4	0.8	1	2	4	6	8

（1）认真阅读农药商品使用说明书，确定当地条件下的用药量。农药制剂配取要根据其制剂有效成分的百分含量、单位面积的有效成分用量和施药面积来计算。商品农药的标签和说明书中一般均标明了制剂的有效成分含量、单位面积的有效成分用量，有的还标明了制剂用量或稀释倍数。所以，要准确计算农药制剂和取用量，必须仔细、认真阅读农药标签和说明书。

（2）药液调配要认真计算制剂取用量和配料用量，以免出现差错。

（3）安全、准确地配制农药。计算出制剂取用量和配料用量后，要严格按照计算的量量取或称取。液体药要用有刻度的量具，固体药要用秤称量。量取好药和配料后，要在专用的容器里混匀。混匀时，要用工具搅拌，不得用手。

为了准确、安全地进行农药配制，还应注意以下几点：

① 不能用瓶盖倒药或用饮水桶配药；不能用盛药水的桶直接下沟、河取水；不能用手伸入药液或粉剂中搅拌。

② 在开启农药包装、称量配制时，操作人员应戴上必要的防护器具。

③ 配制人员必须经专业培训，掌握必要的技术和熟悉所用农药的性能。

④ 孕妇、哺乳期妇女不能参与配药。

⑤ 配药器械一般要求专用，每次用后要洗净，不得在河流、小溪、井边冲洗。

⑥ 少数剩余和废弃的农药应深埋入地坑中。

⑦ 处理粉剂时要小心，以防止粉尘飞扬。

⑧ 喷雾器不宜装得太满，以免药液泄漏。当天配好的应当天用完。

（四）波尔多液的配制、使用

波尔多液是由硫酸铜、生石灰和水配制成的天蓝色悬浊液，是一种无机铜保护剂。黏着力强，喷于植物表面后形成一层药膜，逐渐释放出铜离子，可防止病菌侵入植物体。药效持续20～30天，可以防治多种果树病害。

配制方法：以1：1：160倍式波尔多液的配制为例。在塑料桶或木桶、陶瓷容器中，先用5kg温水将0.5kg硫酸铜溶解，再加70kg水，配制成稀硫酸铜水溶液，同时在大缸或药池中将0.5kg生石灰加入5kg水，配成浓石灰乳，最后将稀硫酸铜水溶液慢慢倒入浓石灰乳中，边倒边搅拌。这样配出的波尔多液呈天蓝色，悬浮性好，防治效果佳。也可将0.5kg生石灰用40kg水溶解，将0.5kg硫酸铜用40kg水溶解，再将石灰水和硫酸铜水溶液同时缓缓倒入另一个容器中，边倒边搅拌。生产上往往在药箱中直接先配制成波尔多原液，然后加水，达到所用浓度。采用这种方法配制出的药液较前两种方法配制的质量差，但如配制后立即使用，则该配制方法也可行。

使用方法及注意事项：桃、李、梅、中国梨等对本剂敏感，要选用不同的倍量式，以减弱药害因子作用；波尔多液使用前要施用其他农药，则要间隔5～7天才能使用波尔多液，波尔多液使用后要施用退菌特，则要间隔15天；不能与石硫合剂、松脂合剂等农药混用；该药剂宜在晴天露水干后现配现用，不宜在低温、潮湿、多雨时施用；边配制边使用，不宜隔夜使用；不能用金属容器配制，因金属容器易被硫酸腐蚀。

（五）石硫合剂的配制、使用

石硫合剂又叫石灰硫黄合剂、石硫合剂水剂，是果园常用的杀螨剂和杀菌剂，一般是自行配制。近年来，有的农药厂生产出固体石硫合剂，加水稀释后便可使用。

石硫合剂是以生石灰和硫黄粉为原料，加水熬制成的红褐色液体。其有效成分是多硫化钙，有较强的渗透和侵蚀病菌细胞壁和害虫体壁的能力，可直接杀死病菌和害虫。对人、畜毒性中等，对人眼、鼻、皮肤有刺激性。

熬制石硫合剂要选用优质生石灰，不宜用化开的石灰。生石灰、硫黄和水的比例为1∶2∶10，先把生石灰放在铁锅中，用少量水化开后加足量水并加热，同时用少量温水将硫黄粉调成糊状备用。当锅中的石灰水烧至近沸腾时，把硫黄糊沿锅边慢慢倒入石灰液中，边倒边搅，并记好水位线。大火加热，煮沸40～60min后在药熬成红褐色时停火。在煮沸过程中应适当搅拌，并用热水补足蒸发掉的水分。冷却后滤除渣子，就成石灰硫黄合剂原液。商品石硫合剂的原液浓度一般在32波美度以上，农村自行熬制的石硫合剂浓度在22～28波美度。使用前，用波美比重计测量原液浓度(波美度)，然后再根据需要，加水稀释成所需浓度，稀释倍数按下列公式计算或查附表2。

$$加水稀释倍数 = \frac{原液波美度 - 所需药液波美度}{所需药液波美度}$$

附表2　石硫合剂重量倍数稀释表

原液浓度（波美度）	需要浓度（波美度）									
	5	4	3	2	1	0.5	0.4	0.3	0.2	0.1
	加水稀释倍数									
15	2.0	2.75	4.00	6.50	14.0	29.0	36.5	49.0	74.0	149.0
16	2.2	3.00	4.33	7.0	15.0	31.0	39.0	52.3	79.0	159.0
17	2.4	3.25	4.66	7.5	16.0	33.0	41.5	55.6	84.0	169.0
18	2.6	3.50	5.00	8.0	17.0	35.0	44.0	59.0	89.0	179.0
19	2.8	3.75	5.33	8.5	18.0	37.0	46.5	62.3	94.0	189.0
20	3.0	4.00	5.66	9.0	19.0	39.0	49.0	65.6	99.0	199.0
21	3.2	4.25	6.00	9.5	20.0	41.0	51.5	69.0	104.0	209.0
22	3.4	4.50	6.33	10.0	21.0	43.0	54.0	72.3	109.0	219.0
23	3.6	4.75	6.66	10.5	22.0	45.0	56.5	75.6	114.0	229.0
24	3.8	5.00	7.00	11.0	23.0	47.0	59.0	79.0	119.0	239.0
25	4.0	5.25	7.33	11.5	24.0	49.0	61.5	82.3	124.0	249.0
26	4.2	5.50	7.66	12.0	25.0	51.0	64.0	85.6	129.0	259.0
27	4.4	5.75	8.00	12.5	26.0	53.0	65.5	89.0	134.0	269.0
28	4.6	6.00	8.33	13.0	27.0	55.0	69.0	92.3	139.0	279.0
29	4.8	6.25	8.66	13.5	28.0	57.0	71.5	95.6	144.0	289.0
30	5.0	6.50	9.00	14.0	29.0	59.0	74.0	99.0	149.0	299.0

在果树休眠期和发芽前，用3～5波美度石硫合剂，可防治果树炭疽病、腐烂病、白粉病、锈病、黑星病等，也可防治果树螨类、蚧类等害虫。果树生长季节，用0.3～0.5波美度石硫合剂，可防治多种果树细菌性穿孔病、白粉病等，并可兼治螨类害虫。

注意事项：煮熬时要用缓火，烧制成的原液波美度高；如急火煮熬，原液波美度低；煮熬时用热水随时补足蒸发水量，如不补充热水，则在开始煮熬时水量应多加20%～30%，其配比为1：2：（12～13）。含杂质多和已分化的石灰不能使用，如是含有一定量杂质的石灰，则其用量视杂质含量适当增加。硫黄是块状的，应先捏成粉，才能使用。稀释液不能储藏，应随配随用。原液储藏需密闭，避免日晒，不能用铜、铝容器，可用铁质或陶瓷容器；梨树上喷过石硫合剂后，间隔10～15天才能喷波尔多液；喷过波尔多液和机油乳剂后，间隔15～20天才能喷石硫合剂，以免发生药害。气温高于32℃或低于4℃均不能使用石硫合剂。梨、葡萄、杏树对硫比较敏感，在生长期不能使用；稀释倍数要认真计算，尤其是在生长期使用的药液。

（六）自制果树涂白剂的方法

在冬季给果树主枝和主干刷上涂白剂，是帮助果树安全越冬与防除病虫害的一项有效措施。自制3种涂白剂方法如下：

（1）石硫合剂石灰涂白剂。取3kg生石灰用水化成熟石灰，继续加水配成石灰乳，再倒入少许油脂并不断搅拌，然后倒进0.5kg石硫合剂原液和食盐，充分拌匀后即成石硫合剂石灰涂白剂，配制该剂的总用水量为10kg。配制后应立即使用。

（2）硫黄石灰涂白剂。将硫黄粉与生石灰充分拌匀后加水溶化，再将溶化的食盐水倒入其中，并加入油脂和水，充分搅拌均匀便得硫黄石灰涂白剂。配制的硫黄石灰涂白剂应当天使用。配制方法：按硫黄0.25、食盐0.1、油脂0.1、生石灰5、水20的重量比例配制即可。

（3）硫酸铜石灰涂白剂。配料比例：硫酸铜0.5kg，生石灰10kg。配制方法：用开水将硫酸铜充分溶解，再加水稀释，将生石灰慢慢加水熟化后，继续将剩余的水倒入调成石灰乳，然后将两者混合，并不断搅拌均匀即成。

（七）几种果树伤口保护剂的配制、使用

（1）接蜡。将松香400g、猪油50g放入容器中，用文火熬至全部熔化，冷却后慢慢倒入酒精，待容器中泡沫起得不高即发出"吱吱"声时，即停止倒入酒精。再加入松节油50g、25%酒精100g，不断搅动，即成接蜡。然后将其装入用盖密封的瓶中备用。使用时，用毛笔蘸取接蜡，涂抹在伤口上即可。

（2）牛粪灰浆。用牛粪6份、熟石灰和草木灰各8份、细河沙1份，加水调成糨糊状，即可使用。

（3）松香酚醛清漆合剂。准备好松香和酚醛清漆各1份。配制时，先把清漆煮沸，再慢慢加入松香拌匀即可。冬季可多加酚醛清漆，夏季可多加松香。

（4）豆油铜剂。准备豆油、硫酸铜和熟石灰各1份。配制时，先把豆油煮沸，再加入硫酸铜细粉及熟石灰，充分搅拌，冷却后即可使用。

二、果树生产慎用和禁用农药

（一）果树生产慎用农药

乐果：猕猴桃特敏感，禁用；对杏、梨有明显的药害，不宜使用；桃、梨对稀释倍数小于1500倍的药液敏感，使用前要先进行试验，以确定安全使用浓度。

螨克和克螨特：梨树禁用。

敌敌畏：对樱桃、桃、杏、白梨等植物有明显的药害，应十分谨慎。

敌百虫：对苹果中的金帅品种有药害作用。

稻丰散：对桃和葡萄的某些品种敏感，使用要慎重。

二甲四氯：各种果树都忌用。

石硫合剂：对桃、李、梅、梨、杏等有药害，在葡萄幼嫩组织上易产生药害。若在这些植物上使用石硫合剂，最好在其落叶季节喷洒，在生长季节或花果期慎用。

波尔多液：对生长季节的桃、李敏感。低于倍量时，梨、杏、柿易发生药害；高于倍量时，葡萄易发生药害。

石油乳剂：对某些桃树品种易产生药害，最好在桃树落叶季节使用。

（二）果树生产禁用农药

1.国家明令禁止使用的农药

六六六、滴滴涕（DDT）、毒杀芬、二溴氯丙烷、杀虫脒、二溴乙烷、除草醚、艾氏剂、狄氏剂、汞制剂、砷类、铅类、敌枯双、氟乙酰胺、甘氟、毒鼠强、氟乙酸钠、毒鼠硅。

2.果树上不得使用的农药

甲拌磷、乙拌磷、久效磷、对硫磷、甲基对硫磷、甲胺磷、甲基异柳磷、氧化乐果、磷胺、特丁硫磷、甲基硫环磷、治螟磷、内吸磷、灭线磷、硫环磷、蝇毒磷、地虫硫磷、氯唑磷、苯线磷。

（三）我国高毒农药退市时间表确定

按10月1日起实施的《食品安全法》明确要求，农业部已制定初步工作计划，拟在充分论证基础上，科学有序、分期分批地加快淘汰剧毒、高毒、高残留农药。

近日，农业部种植业管理司向外界透露我国高毒农药全面退市已有时间表：

一是2019年前淘汰溴甲烷和硫丹。根据有关国际公约，溴甲烷土壤熏蒸使用至2018年12月31日；硫丹用于防治棉花棉铃虫、烟草烟青虫等特殊使用豁免至2019年3月26日；拟于2016年底前发布公告，自2017年1月1日起，撤销溴甲烷、硫丹农药登记；自2019年1月1日起，禁止溴甲烷、硫丹在农业生产上使用。

二是2020年禁止使用涕灭威、克百威、甲拌磷、甲基异硫磷、氧乐果、水胺硫磷。根据农药使用风险监测和评估结果，拟于2018年撤销上述6种高毒农药登记，2020年禁止使用。

三是到2020年底，除农业生产等必须保留的高毒农药品种外，淘汰禁用其他高毒农药。

目前农业部登记农药产品累计3万多个，而品种只有650多个，绝大多数农药产品都是多年登记、重复登记同一品种，甚至同一产品，成老旧农药。同时还有不少农药产品已登记多年，但一直没生产销售，成"休眠"产品。与高毒农药相比，对生态环境、农产品质量安全等方面威胁虽然不大，但老旧农药问题同样突出。

因此，农业部将通过政策调整，引导农药使用零增长目标平稳落地。除加快高毒农药退市外，对安全风险高、不合法合规、农业生产需求小、防治效果明显下降、失去应用价值老旧农药品种实行强制退出。

参 考 文 献

[1] 谢联辉.普通植物病理学.第二版.北京：科学出版社，2013.

[2] 徐志宏.板栗病虫害防治彩色图谱.杭州：浙江科学技术出版社，2001.

[3] 成卓敏.新编植物医生手册.北京：化学工业出版社，2008.

[4] 冯玉增.石榴病虫草害鉴别与无公害防治.北京：科学技术文献出版社，2009.

[5] 赵奎华.葡萄病虫害原色图鉴.北京：中国农业出版社，2006.

[6] 许渭根.石榴和樱桃病虫原色图谱.杭州：浙江科学技术出版社，2007.

[7] 宁国云.梅、李及杏病虫原色图谱.杭州：浙江科学技术出版社，2007.

[8] 吴增军.猕猴桃病虫原色图谱.杭州：浙江科学技术出版社，2007.

[9] 梁森苗.杨梅病虫原色图谱.杭州：浙江科学技术出版社，2007.

[10] 蒋芝云.柿和枣病虫原色图谱.杭州：浙江科学技术出版社，2007.

[11] 王立宏.枇杷病虫原色图谱.杭州：浙江科学技术出版社，2007.

[12] 夏声广.柑橘病虫害防治原色生态图谱.北京：中国农业出版社，2006.

[13] 林晓民.中国菌物.北京：中国农业出版社，2007.

[14] 袁章虎.无公害葡萄病虫害诊治手册.北京：中国农业出版社，2009.

[15] 何月秋.毛叶枣（台湾青枣）的有害生物及其防治.北京：中国农业出版社，2009.

[16] 张炳炎.核桃病虫害及防治原色图谱.北京：金盾出版社，2008.

[17] 李晓军.樱桃病虫害及防治原色图谱.北京：金盾出版社，2008.

[18] 张一萍.葡萄病虫害及防治原色图谱.北京：金盾出版社，2007.

[19] 陈桂清.中国真菌志：一卷白粉菌目.北京：科学出版社，1987.

[20] 张中义.中国真菌志：十四卷枝孢属、星孢属、梨孢属.北京：科学出版社，2003.

[21] 白金铠.中国真菌志：十五卷茎点霉属，叶点霉属.北京：科学出版社，2003.

[22] 中国农业科学院植物保护研究所，中国植物保护学会.中国农作物病虫害.第三版.北京：中国农业出版社，2015.

[23] 范昆.图说樱桃病虫害诊断与防治.北京：机械工业出版社，2014.

[24] 刘兰泉.彩图版猕猴桃栽培及病虫害防治.北京：中国农业出版社，2016.

[25] 王江柱.葡萄病虫害诊断与防治原色图鉴.北京：化学工业出版社，2014.

[26] 吕佩珂.草莓蓝莓树莓黑莓病虫害防治原色图鉴.北京：化学工业出版社，2014.